教科書の公式ガイドブック

# 教科書ガイド

東京書籍 版

新しい科学

完全準拠

中学理科

**3年**

## 教科書の内容がよくわかる

JN085448

編集発行 あすとろ出版

# もくじ

## この本の内容

この本は，東京書籍の教科書「新しい科学」にピッタリ合わせてつくられていますので，授業の予習・復習や定期テスト対策が効率的にできるようになっています。
この本は次の❶～❻を中心に構成されています。
❶「要点のまとめ」で教科書の内容を簡潔でわかりやすく説明しています。
❷'調べよう''学びをいかして考えよう'などの教科書の中の問いかけで，重要なものについて解答例や解説を示しています。また，実験や観察についても解説しています。
❸教科書に出ている問題（学んだことをチェックしよう・確かめと応用・確かめと応用［活用編］）については全て解答例を示し，必要に応じて解説を加えています。
❹つまずきやすい内容について「定着ドリル」を設けています。
❺教科書と同じ動画やシミュレーションが見られる「二次元コード」を掲載しています。
　＊二次元コードに関するコンテンツの使用料はかかりませんが，通信費は自己負担となります。
❻章末に「定期テスト対策」を設けています。定期テストによく出る問題で構成しています。

## この本の使い方・役立て方

学校の授業に合わせて上記の❶～❺の内容を，予習あるいは復習で学習するようにしましょう。教科書のページ番号を各所に示していますので，教科書を見ながら学習すればより理解が深まります。
また，定期テストが近づいてきたら，❻の「定期テスト対策」に取り組むとともに，テスト範囲の❶～❺の内容についても，もう一度確認しておきましょう。
**この本を最大限活用することで，皆さんが理科を好きになり，得意教科にしてくれることを願っています。**

単元

# 1

# 化学変化とイオン

# 第1章 水溶液とイオン

## これまでに学んだこと

▶**水の電気分解**(中2)　物質に電流を流して分解することを**電気分解**という。純粋な水は電流が流れないが，水酸化ナトリウムなどをとかすと電流が流れるようになる。水に電流を流すと，水素と酸素に分解する。

▶**塩素の性質**(中1)　塩素は黄緑色で，特有の刺激臭をもつ。水道水の消毒剤や，漂白剤として利用されている。

▶**静電気**(中2)　物体の電気のバランスがくずれ，＋や−の電気を帯びた状態が現れた電気。同じ種類の電気どうしは反発し合い，異なる種類の電気どうしは引き合う。

▶**原子の性質**(中2)　物質は，それ以上分割することができない小さな粒子でできており，この粒子を**原子**という。
①化学変化によって，原子はそれ以上に分割することができない。
②原子の種類によって，質量や大きさが決まっている。
③化学変化によって，原子がほかの種類の原子に変わったり，なくなったり，新しくできたりすることはない。

▶**元素記号の表し方**(中2)　原子の種類を**元素**といい，元素をアルファベット1文字，または2文字からなる記号で表したものを**元素記号**という。

● 原子の性質

①
銀原子　　　　銀原子

② 
銀原子　銅原子

③
銀原子　銅原子　銀原子　　　　銀原子

● 元素記号の表し方

鉄　　　　　炭素

1文字目は活字体の大文字で書く。

2文字目は活字体の小文字で書く。

## 第1節 水溶液と電流

### 要点のまとめ

▶**電解質**　水にとかしたときに電流が流れる物質。
　(例)塩化ナトリウム(食塩)，塩化水素，塩化銅など。
　※塩酸は塩化水素の水溶液である。

▶**非電解質**　水にとかしても電流が流れない物質。
　(例)砂糖，エタノールなど。

純粋な水である精製水に，電流はほとんど流れないよ。

教科書 p.13

単元 1 化学変化とイオン

**実験 1**
電流が流れる水溶液

◎ **実験のアドバイス**

・感電を防ぐため，ぬれた手で装置にさわらない。

・水道水には，塩素などいろいろな物質がとけているので，水溶液をつくるときは，水道水ではなく，精製水(せいせい)を使う。

・1つの水溶液について調べ終わったら，調べた水溶液が電極についたままにならないように，電極をまずは水道水で洗い，その後に精製水で洗って，次の実験に影響(えいきょう)しないようにする。

● **結果(例)**

・電圧 3Vの場合の結果をまとめると，下の表のようになった。

（電流計の針が大きくふれた…○，わずかにふれた…△，全くふれなかった…×）

| 水溶液の種類 | 電流計の針がふれたか | 電流値 | 電極付近 |
|---|---|---|---|
| 1 食塩水 | ○ | 60mA | 気体が発生していた。 |
| 2 砂糖水 | × | 0mA | 変化は見られなかった。 |
| 3 水道水 | △ | 1.5mA | ほとんど変化は見られなかった。 |
| 4 雨水 | △ | 1.0mA | ほとんど変化は見られなかった。 |
| 5 果汁(かじゅう)(レモン汁) | △ | 5.0mA | わずかに気体が発生していた。 |
| 6 エタノール水溶液 | × | 0mA | 変化は見られなかった。 |
| 7 うすい塩酸 | ○ | 180mA | 気体が発生していた。 |
| 8 スポーツドリンク | △ | 4.2mA | わずかに気体が発生していた。 |

◎ **結果の見方**

●**とかす物質によって，電流計の針のふれ方にどのようなちがいがあったか。**

・食塩や塩酸のように電流計の針がふれるものと，砂糖やエタノールのように電流計の針がふれないものがある。

・豆電球が点灯しなくても，発光ダイオードが点灯した水溶液があったことから，電流が流れる水溶液には，電流の流れ方にちがいがあることがわかる。

●**結果の表から，共通点は見つかるだろうか。**

食塩水やうすい塩酸の電極付近では，気体が発生していた。また，うすい塩酸では陽極付近が変色していた。このように，電流が流れた水溶液では電極付近に変化が起こった。

◎ **考察のポイント**

●**実験結果から，どのようなことが言えるだろうか。**

水にとかしたときに電流が流れる物質と，水にとかしても電流が流れない物質がある。

◎ **解説**

・雨水や水道水の場合，とけている物質によっては，電流計の針がふれないこともある。

・発光ダイオードは豆電球より消費する電力が小さく，豆電球が点灯しない小さな電流でも点灯する。

教科書 p.15

**活用　学びをいかして考えよう**

精製水には電流が流れないが，スポーツドリンクにはわずかに電流が流れた。スポーツドリンク
せいせいすい
にはどのような電解質がとけているか，教科書15ページの右の写真を見て考えよう。

● **解答（例）**

果汁，食塩，塩化カリウム（塩化K），乳酸カルシウム（乳酸Ca），塩化マグネシウム（塩化Mg）など。

◎ **解説**

・ミカンなどの果汁にふくまれているクエン酸は，水にとけると酸性を示す電解質である。

・塩化カリウム，乳酸カルシウム，塩化マグネシウムは，それぞれ次のように電離（教科書25ページ参
でん り
照）する。

　　　塩化カリウム ⟶ カリウムイオン＋塩化物イオン

　　　乳酸カルシウム ⟶ カルシウムイオン＋乳酸イオン

　　　塩化マグネシウム ⟶ マグネシウムイオン＋塩化物イオン

---

第 **2** 節　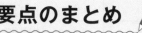 # 電解質の水溶液の中で起こる変化

## 要点のまとめ

▶ **電解質の水溶液に電流が流れるとき起こる変化**

① **塩化銅水溶液の電気分解**

塩化銅 ⟶ 銅＋塩素（$CuCl_2 \longrightarrow Cu + Cl_2$）

・陽極…気体（塩素）が発生する。
ようきょく

・陰極…赤色の物質（銅）が電極の表面に付着する。
いんきょく

② **塩酸の電気分解**

塩酸 ⟶ 水素＋塩素（$2HCl \longrightarrow H_2 + Cl_2$）

・陽極…気体（塩素）が発生する。

・陰極…気体（水素）が発生する。

● **塩酸の電気分解のモデル**

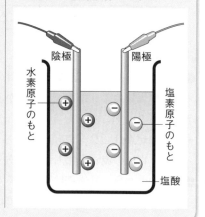

陰極　　陽極

水素原子のもと

塩素原子のもと

塩酸

📖 **教科書 p.17〜p.18**

**実験2**
塩化銅水溶液の電気分解

◎ **実験のアドバイス**

・発生した気体のにおいをかぐときは，気体を深く吸いこまないよう，手であおぎ寄せてかぐこと。

◎ **結果の見方**

●陰極や陽極にどのような変化が起こったか。

・陰極での変化…電極の表面に**赤色の物質**が付着した。この固体をろ紙の上にとり出して，金属製の薬品さじでこすると，**金属光沢**が見られた。

・陽極での変化…電極の表面から**泡が出て気体が発生**した。この気体は，鼻をさすようなにおいがした。また，陽極付近の水溶液を赤インクに滴下すると，赤インクの色が消えた。

・電極をつなぎかえて陰極と陽極を逆にすると，赤色の物質の付着や気体の発生が起こる電極も逆になった。

◎ **考察のポイント**

●まずは自分で考察しよう。わからなければ，教科書18ページ「考察しよう」を見よう。

　実験の結果から，陰極，陽極で生じた固体や気体は何であると考えられるか。そのように判断した理由についても，班で話し合おう。

・陰極に付着した赤色の物質は，こすると金属光沢が見られたことから，銅だと考えられる。

・陽極で発生した気体は，鼻をさすようなにおいがし，インクの色を消す漂白作用があることから，塩素だと考えられる。

・電解質の水溶液に電流を流すと，電極で化学変化が起こることがわかった。

◎ **解説**

・塩化銅は，塩素と銅の化合物である。化学式は$CuCl_2$で表される。

・塩化銅水溶液に電流を流すと，塩素と銅に分解する化学変化が起こる。

　　塩化銅水溶液の電気分解　　$CuCl_2 \longrightarrow Cu + Cl_2$
　　　　　　　　　　　　　　　　（陰極）（陽極）

・塩素は特有の刺激臭をもつ黄緑色の有毒な気体で，漂白作用や殺菌作用をもつ。

・電極をつなぎかえても，必ず電源装置の＋極とつながった電極から塩素が発生し，－極とつながった電極に銅が付着する。

教科書 p.19

**分析解釈　モデルを使って考察しよう**

塩化銅水溶液に電流が流れたとき，電極ではどのような変化が起こっていたのだろうか。粒子の
モデルを使って図をかき，その理由を説明しよう。

● 解答（例）

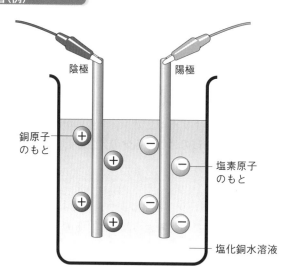

　塩化銅水溶液の電気分解では，陰極の表面に銅が付着し，陽極の表面から塩素が発生する。このこ
とから，塩化銅水溶液に電流が流れたとき，次のような現象が起きていると考えられる。

・陰極付近では，「＋の電気を帯びた粒子（銅原子のもと）」が陰極に引かれて銅原子になる。

・陽極付近では，「－の電気を帯びた粒子（塩素原子のもと）」が陽極に引かれて塩素原子になり，さ
　らに塩素原子が2個結びついて，塩素分子になる。

 教科書 p.21

**活用　学びをいかして考えよう**

楽器やカー用品，ゴルフクラブなどには，表面がきれいに金属めっきされているものがある。こ
のめっきは，どのようにして行われているか考えよう。

● 解答（例）

　「＋の電気を帯びた粒子（金属の原子のもと）」が入っているような水溶液を使って，金属めっきした
いものを陰極にして電気分解すると，表面がめっきされる。

○ 解説

　＋の電気を帯びた金属の原子のもとが金属の原子となって，金属めっきしたいものに付着する。

　塩化銅水溶液に電流を流すと，陰極の表面に銅が付着したことは，陰極の表面が銅でめっきされたの
と同じ状態である。

# 第3節 イオンと原子のなり立ち

## 要点のまとめ

▶ **原子のなり立ち**　原子は，**原子核**と**電子**からできている。

・原子核は，原子の中心にあり，**陽子**と**中性子**からできている。

・陽子の数＝電子の数

・陽子1個の＋の電気の量＝電子1個の−の電気の量

　→原子は全体として電気を帯びていない状態になっている。

▶ **イオン**　原子が電気を帯びたもの。

▶ **陽イオン**　原子が電子を失って，＋の電気を帯びたもの。

▶ **陰イオン**　原子が電子を受けとって，−の電気を帯びたもの。

▶ **イオンを表す化学式**

・陽イオン…＋の記号を元素記号の右上につける。

・陰イオン…−の記号を元素記号の右上につける。

・失ったり，受けとったりした電子の数が2個以上のときは，＋，−の記号の前にその数字を書く。

・読み方

$Na^+$…「エヌ，エー，プラス」

$Mg^{2+}$…「エム，ジー，2プラス」

$Cl^-$…「シー，エル，マイナス」

$SO_4{}^{2-}$…「エス，オー，4，2マイナス」

▶ **イオンのでき方**

代表的な陽イオン

| イオン | 化学式 |
|---|---|
| 水素イオン | $H^+$ |
| ナトリウムイオン | $Na^+$ |
| カリウムイオン | $K^+$ |
| 銅イオン | $Cu^{2+}$ |
| 亜鉛イオン | $Zn^{2+}$ |
| マグネシウムイオン | $Mg^{2+}$ |
| アンモニウムイオン | $NH_4{}^+$ |

代表的な陰イオン

| イオン | 化学式 |
|---|---|
| 塩化物イオン | $Cl^-$ |
| 水酸化物イオン | $OH^-$ |
| 硫酸イオン | $SO_4{}^{2-}$ |
| 硝酸イオン | $NO_3{}^-$ |
| 炭酸イオン | $CO_3{}^{2-}$ |

▶ **電離**　物質が水にとけて陽イオンと陰イオンにばらばらに分かれること。

（例）塩化ナトリウムの電離

$$NaCl \longrightarrow Na^+ + Cl^-$$
塩化ナトリウム　ナトリウムイオン　塩化物イオン

● **原子のなり立ち**

ヘリウム原子と原子核の構造

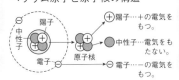

＋陽子…＋の電気をもつ。
中性子…電気をもたない。
－電子…−の電気をもつ。

● **イオンを表す化学式**

（陽イオンの例）

$Na^+$　$Mg^{2+}$

ナトリウムイオン　マグネシウムイオン

（陰イオンの例）（多原子イオンの例）

$Cl^-$　$SO_4{}^{2-}$

塩化物イオン　硫酸イオン

● **イオンのでき方**

陽イオンのでき方

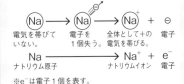

電気を帯びていない。　電子を1個失う。　全体として＋の電気を帯びる。

$$Na \longrightarrow Na^+ + e^-$$
ナトリウム原子　ナトリウムイオン　電子

※$e^-$は電子1個を表す。

陰イオンのでき方

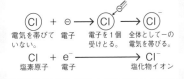

電気を帯びていない。　電子を1個受けとる。　全体として−の電気を帯びる。

$$Cl + e^- \longrightarrow Cl^-$$
塩素原子　電子　塩化物イオン

教科書 p.25

**モデルを使って比べよう**

電解質が水にとけるとどうなるだろうか。塩化ナトリウム（食塩）の結晶と砂糖が水にとけるようすを粒子のモデルで比べよう。

● 解答（例）

　塩化ナトリウム（食塩）などの電解質の物質は，水にとけるとイオンに分かれる。一方，砂糖などの非電解質の物質は，水にとけてもイオンに分かれない。

 教科書 p.26

**活用　学びをいかして考えよう**

私たちの身のまわりに存在するイオンにはどのようなものがあるか考えよう。

● 解答（例）

・スポーツドリンク

　ナトリウムイオン，カリウムイオン，カルシウムイオン，マグネシウムイオン，塩化物イオン，など。

・海水

　ナトリウムイオン，マグネシウムイオン，カルシウムイオン，カリウムイオン，塩化物イオン，など。

・パイプ洗浄剤

　ナトリウムイオン，水酸化物イオン，など。

○ 解説

　清涼飲料水や洗剤などのパッケージには成分が表示されているので，成分名から調べることができる。

 教科書 p.28　　　**章末　学んだことをチェックしよう**

**❶ 水溶液と電流**

1. 砂糖水，食塩水，うすい塩酸，エタノール水溶液のうち，電流が流れる物を全て答えよ。
2. 1のような水溶液の溶質を（　　）という。

● 解答（例）

1. 食塩水，うすい塩酸
2. 電解質

○ 解説

　水にとかしたときに電流が流れる物質を電解質といい，代表的なものには塩化ナトリウム（食塩）や塩化水素などがある。一方，水にとかしても電流が流れない物質を非電解質といい，代表的なものには砂糖やエタノールなどがある。

**❷ 電解質の水溶液の中で起こる変化**

塩化銅水溶液の電気分解から，塩化銅水溶液には，塩化物イオンや銅イオンがふくまれると考えられる。それぞれのイオンが帯びている電気は＋，－のどちらか。

**● 解答（例）**

塩化物イオン：－

銅イオン：＋

**○ 解説**

陰極の表面に銅が付着することから，陰極付近では電流が流れると「＋の電気を帯びた粒子（銅原子のもと）」が陰極に引かれて銅原子になると考えられる。また，陽極の表面から塩素が発生することから，陽極付近では電流が流れると「－の電気を帯びた粒子（塩素原子のもと）」が陽極に引かれて塩素原子になり，さらに塩素原子が２個結びついて塩素分子になると考えられる。

**❸ イオンと原子のなり立ち**

1. 次の原子が電子を失ったときにできるイオンの名称とイオンを表す化学式を答えなさい。

    H　Na　Mg

2. 次の原子（あるいは原子の集団）が電子を受けとったときにできるイオンの名称とイオンを表す化学式を答えなさい。

    Cl　OH　SO₄

**● 解答（例）**

1. H…名称：水素イオン，イオンを表す化学式：$H^+$

   Na…名称：ナトリウムイオン，イオンを表す化学式：$Na^+$

   Mg…名称：マグネシウムイオン，イオンを表す化学式：$Mg^{2+}$

2. Cl…名称：塩化物イオン，イオンを表す化学式：$Cl^-$

   OH…名称：水酸化物イオン，イオンを表す化学式：$OH^-$

   SO₄…名称：硫酸イオン，イオンを表す化学式：$SO_4^{2-}$

**○ 解説**

代表的な陽イオン

| イオン | 化学式 |
|---|---|
| 水素イオン | $H^+$ |
| ナトリウムイオン | $Na^+$ |
| カリウムイオン | $K^+$ |
| 銅イオン | $Cu^{2+}$ |
| 亜鉛イオン | $Zn^{2+}$ |
| マグネシウムイオン | $Mg^{2+}$ |

代表的な陰イオン

| イオン | 化学式 |
|---|---|
| 塩化物イオン | $Cl^-$ |
| 水酸化物イオン | $OH^-$ |
| 硫酸イオン | $SO_4^{2-}$ |
| 硝酸イオン | $NO_3^-$ |

代表的な多原子イオン

| イオン | 化学式 |
|---|---|
| アンモニウムイオン | $NH_4^+$ |
| 水酸化物イオン | $OH^-$ |
| 硫酸イオン | $SO_4^{2-}$ |
| 炭酸イオン | $CO_3^{2-}$ |

教科書 p.28

## 章末　学んだことをつなげよう

次の化学式や化学反応式に示されている「2」の意味を説明しよう。
① $2H^+$
② $Mg^{2+}$
③ $SO_4^{2-}$
④ $H_2SO_4 \longrightarrow 2H^+ + SO_4^{2-}$

● 解答（例）

①水素イオンの数

②マグネシウムイオンができるときに，マグネシウム原子が失った電子の数

③硫酸イオンができるときに，原子の集団$SO_4$が受けとった電子の数

④「2個の水素原子」をもつ硫酸分子が電離して，「2個の水素イオン」と，「全体として2－の電気を帯びた硫酸イオン」になったこと

○ 解説

　2年で学習したように，例えば$H_2$と$2H$と$2H_2$の表す内容には，以下のようなちがいがある。

・$H_2$…水素分子は，水素原子が2個からなる。

・$2H$…水素原子が2個ある。

・$2H_2$…水素分子が2個ある。

　また，教科書23ページで学習したように，元素記号の右上につける「＋」「－」はそれぞれ失った電子，受けとった電子を表している。失ったり，受けとったりした電子が2個以上の場合は「＋」「－」の前にその数字を書く（1の場合は省略する）。

 教科書 p.28

### Before & After

イオンとは何だろうか。

● 解答（例）

　原子が電気を帯びたもの。

○ 解説

　教科書23ページで学習したように，本来，電気を帯びていない原子が，電子を失ったり受けとったりすることで電気を帯びたものをイオンという。

# 定着ドリル

第 **1** 章 | 水溶液とイオン

下の例にしたがって，原子がイオンになるようすを，イオンを表す化学式を使って表しなさい。ただし，$e^-$ は電子1個を表すものとする。

（例）水素原子　　$H \longrightarrow H^+ + e^-$

①ナトリウム原子

②マグネシウム原子

③カリウム原子

④亜鉛原子

⑤塩素原子

| |
|---|
| ① |
| ② |
| ③ |
| ④ |
| ⑤ |

解答

①$Na \longrightarrow Na^+ + e^-$　②$Mg \longrightarrow Mg^{2+} + 2e^-$　③$K \longrightarrow K^+ + e^-$　④$Zn \longrightarrow Zn^{2+} + 2e^-$　⑤$Cl + e^- \longrightarrow Cl^-$

# 定期テスト対策　第**1**章｜水溶液とイオン

解答 p.205

/100

**1** 次の問いに答えなさい。

①水にとかしたときに電流が流れる物質を何というか。

②原子が電気を帯びたものを何というか。

③物質が水にとけるとき、電気を帯びた②になって分かれることがある。これを何というか。

| 1 | 計15点 |
|---|---|
| ① | 5点 |
| ② | 5点 |
| ③ | 5点 |

**2** 次の問いに答えなさい。

①ある物質が、非電解質であることを見分ける方法を説明しなさい。

②次の**ア**〜**オ**から、電解質と非電解質を全て選び、記号で答えなさい。

　**ア**　砂糖　　**イ**　塩化銅　　**ウ**　デンプン

　**エ**　水酸化ナトリウム　　**オ**　食塩

③水溶液の中に、イオンがふくまれるかどうかを調べる方法を説明しなさい。

④次のイオンのイオンを表す化学式を書きなさい。

　塩化物イオン，マグネシウムイオン，

　硫酸イオン，アンモニウムイオン

| 2 | 計45点 |
|---|---|
| ① | 5点 |
| ②電解質 | 5点 |
| 非電解質 | 5点 |
| ③ | 10点 |
| ④塩化物イオン | 5点 |
| マグネシウムイオン | 5点 |
| 硫酸イオン | 5点 |
| アンモニウムイオン | 5点 |

**3** 塩化銅水溶液に電流を流す実験を行った。電極に炭素棒を用いて電流を流したら、一方の炭素棒からは気体が発生し、もう一方の炭素棒には赤色の物質が付着した。

①塩化銅を水にとかしたときの反応を、イオンを表す化学式で書きなさい。

②気体が発生したのは、どちらの極か。また、発生した気体の名前を書きなさい。

③炭素棒に付着した赤色の物質は金属である。それを確かめる方法を書きなさい。

| 3 | 計40点 |
|---|---|
| ① | 10点 |
| ②極 | 10点 |
| 気体 | 10点 |
| ③ | 10点 |

# 第2章 酸，アルカリとイオン

## これまでに学んだこと

▶酸性，アルカリ性，中性（小6，中1，中2）

|  | 酸性 | 中性 | アルカリ性 |
|---|---|---|---|
| リトマス紙の色の変化 | 青色のリトマス紙だけが赤く変わる。 | どちらの色のリトマス紙も変わらない。 | 赤色のリトマス紙だけが青く変わる。 |
| BTB溶液の色の変化 | 黄色 | 緑色 | 青色 |
| フェノールフタレイン溶液の色の変化 | 無色 | 無色 | 赤色 |
| 水溶液の例 | 塩酸 炭酸水 | 水 食塩水 | 石灰水 アンモニア水 |

## 第1節 酸性やアルカリ性の水溶液の性質

### 要点のまとめ

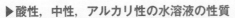

▶酸性，中性，アルカリ性の水溶液の性質

|  | 酸性 | 中性 | アルカリ性 |
|---|---|---|---|
| リトマス紙の変化 | **青色→赤色** 赤色は変化なし | 青色は変化なし 赤色は変化なし | 青色は変化なし **赤色→青色** |
| BTB溶液の変化 | **黄色** | **緑色** | **青色** |
| フェノールフタレイン溶液の変化 | 無色 | 無色 | **赤色** |
| マグネシウムリボンを入れたときの変化 | **水素が発生** | 変化なし | 変化なし |
| 電圧を加えたときのようす | 電流が流れる。 | 電解質水溶液は電流が流れ，非電解質水溶液は電流が流れない。 | 電流が流れる。 |
| 水溶液の例 | 塩酸，硫酸，酢酸（食酢），炭酸水など | 食塩水，砂糖水，精製水など | 水酸化ナトリウム水溶液，石灰水，アンモニア水など |

**教科書 p.31**

**実験3**

酸性，アルカリ性の水溶液の性質

◎ **実験のアドバイス**

・水溶液には危険な物があるので，絶対になめたり，ふれたりしないようにする。もし，ふれた場合は，多量の水で洗い流す。

・実験中は水溶液が目に入るのを防ぐため，保護眼鏡（めがね）をかける。もし水溶液が目に入った場合は直ちに（ただ）水で洗い，先生に報告し，適切な処置を受ける。

・マグネシウムリボンを入れて調べる場合，気体が発生している試験管には火を近づけないようにする。

◎ **結果の見方**

●ステップ1～3では，それぞれどのような変化が見られたか。

|  | 酸性の水溶液 | アルカリ性の水溶液 |
|---|---|---|
|  | うすい塩酸<br>うすい硫酸<br>酢酸（食酢） | うすい水酸化ナトリウム水溶液<br>アンモニア水<br>石灰水（水酸化カルシウム水溶液） |
| BTB溶液 | 黄色になった。 | 青色になった。 |
| フェノールフタレイン溶液 | 変化しなかった。 | 赤色になった。 |
| マグネシウムリボン | 気体が発生した。 | 変化しなかった。 |
| 電流が流れるかどうか | 流れた。 | 流れた。 |

◎ **考察のポイント**

●酸性の水溶液に共通する性質，アルカリ性の水溶液に共通する性質は何か。また，どちらの水溶液にも共通する性質は何か。

・酸性の水溶液は，BTB溶液を加えると黄色になる。フェノールフタレイン溶液を加えても変化しない。また，マグネシウムリボンと反応して気体を発生させる（発生した気体を集めて，マッチの火を近づけると，音を立てて燃えたことから，発生した気体は水素であると考えられる）。

・アルカリ性の水溶液は，BTB溶液を加えると青色になる。フェノールフタレイン溶液を加えると赤色になる。また，マグネシウムリボンと反応しない。

・酸性，アルカリ性の水溶液は，ともに電流が流れたことから，電解質の水溶液であることがわかる。このことから，酸性の水溶液とアルカリ性の水溶液の中には，イオンが存在すると考えられる。

◎ **解説**

・水溶液には酸性，アルカリ性，中性の3つの性質があり，それぞれ，共通する性質がある。

**【酸性の水溶液に共通する性質】**

①青色のリトマス紙を赤色に変える。

②BTB溶液を加えると黄色になる。

③フェノールフタレイン溶液を加えても，無色のまま変化しない。

④マグネシウムリボンを入れると，表面から水素が発生する。

**【アルカリ性の水溶液に共通する性質】**

①赤色のリトマス紙を青色に変える。

②BTB溶液を加えると青色になる。

③フェノールフタレイン溶液を加えると，赤色に変化する。

④マグネシウムリボンを入れても反応しない。

**【酸性・アルカリ性の水溶液に共通する性質】**

○電流が流れる

　→したがって，**酸性・アルカリ性の水溶液は全て電解質の水溶液である。**

**【中性の水溶液に共通する性質】**

①青色・赤色のリトマス紙はどちらも色が変化しない。

②BTB溶液を加えると緑色になる。

③マグネシウムリボンを入れても反応しない。

④フェノールフタレイン溶液を加えても，無色のまま変化しない。

⑤水溶液の種類によって，電流が流れるものと流れないものがある。

　電流が流れる水溶液…電解質水溶液(食塩水，硝酸カリウム水溶液など)

　電流が流れない水溶液…非電解質水溶液(砂糖水，エタノール水溶液など)

 教科書 p.33

**活用　学びをいかして考えよう**

教科書33ページの右のように，緑色のBTB溶液に呼気をふきこむと何色に変化するだろうか。そのように考えた理由とあわせて説明しよう。

● **解答(例)**

　呼気には二酸化炭素がふくまれており，二酸化炭素は水に少しとけて酸性を示すため，緑色のBTB溶液に呼気をふきこむと黄色に変化する。

○ **解説**

・呼気には二酸化炭素がふくまれていて，二酸化炭素の水溶液(炭酸水)は酸性を示す。

・BTB溶液は酸性で黄色，中性で緑色，アルカリ性で青色になる。

・緑色のBTB溶液が二酸化炭素によって黄色に変化する実験は，1年生で行っているので参照すること。

単元 **1**
化学変化とイオン

# 第2節 酸性，アルカリ性の正体

## 要点のまとめ

▶**酸** 水溶液にしたとき，電離して水素イオンを生じる化合物。**水溶液は，水素イオンによって酸性の性質を示す。**

・酸の例…塩酸 $HCl$，硫酸 $H_2SO_4$，硝酸 $HNO_3$ など

・電離の例

$$HCl \longrightarrow H^+ + Cl^-$$
塩化水素　　水素イオン　　塩化物イオン

$$H_2SO_4 \longrightarrow 2H^+ + SO_4^{2-}$$
硫酸　　　水素イオン　　硫酸イオン

▶**アルカリ** 水溶液にしたとき，電離して水酸化物イオンを生じる化合物。**水溶液は，水酸化物イオンによってアルカリ性の性質を示す。**

・アルカリの例…水酸化ナトリウム $NaOH$，
　　　　　　　水酸化バリウム $Ba(OH)_2$，
　　　　　　　水酸化カリウム $KOH$ など

・電離の例

$$NaOH \longrightarrow Na^+ + OH^-$$
水酸化ナトリウム　ナトリウムイオン　水酸化物イオン

$$KOH \longrightarrow K^+ + OH^-$$
水酸化カリウム　　カリウムイオン　　水酸化物イオン

▶**pH** 酸性，アルカリ性の強さを表す値。

・pH＜7…**酸性**

・pH＝7…**中性**

・pH＞7…**アルカリ性**

　pHの値が小さいほど酸性が強く，大きいほどアルカリ性が強い。

●酸の電離

●アルカリの電離
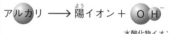

身近な物でいうと，レモンや酢，リンゴは酸性で，石けん水はアルカリ性だよ。

教科書 p.35

**実験4**
酸性・アルカリ性を示すものの正体

◎ **実験のアドバイス**

・感電を防ぐため，電流を流している間は，装置にさわらない。
・電圧を加えたとき，綿棒をおしつけたところからろ紙の色がどちらの電極の方に何色に変化していくかを観察する。

◎ **結果の見方**

●電圧を加えると，ろ紙上のBTB溶液の色が変化した部分は，それぞれ陰極側か陽極側のどちらに移動したか。

・塩酸(酸性の水溶液)をつけたところ

　ろ紙(BTB溶液)が**黄色に変化**し，電圧を加えてからしばらくすると，**黄色の部分が陰極側に向かって移動していく**ようすが観察できた。

・水酸化ナトリウム水溶液(アルカリ性の水溶液)をつけたところ

　ろ紙(BTB溶液)が**青色に変化**し，電圧を加えてからしばらくすると，**青色の部分が陽極側に向かって移動していく**ようすが観察できた。

◎ **考察のポイント**

●**酸性の水溶液に共通するイオンは何か。実験の結果と，塩化水素の電離のようすをあわせて考えよう。**

　酸性の水溶液に電圧を加えると，綿棒をおしつけた黄色の部分が陰極側に向かって移動したことから，酸性の水溶液には共通する陽イオンがふくまれていることがわかる。酸性の水溶液は次のように電離していることから，酸性の水溶液には共通して水素イオン**$H^+$**がふくまれていると考えられる。

$$HCl \longrightarrow H^+ + Cl^-$$
塩化水素　　　水素イオン　　塩化物イオン

$$H_2SO_4 \longrightarrow 2H^+ + SO_4{}^{2-}$$
硫酸　　　　水素イオン　　硫酸イオン

●**アルカリ性の水溶液に共通するイオンは何か。実験の結果と，水酸化ナトリウムの電離のようすをあわせて考えよう。**

　アルカリ性の水溶液に電圧を加えると，綿棒をおしつけた青色の部分が陽極側に向かって移動したことから，アルカリ性の水溶液には共通する陰イオンがふくまれていることがわかる。アルカリ性の水溶液は次のように電離していることから，アルカリ性の水溶液には共通して水酸化物イオン**$OH^-$**がふくまれていると考えられる。

$$NaOH \longrightarrow Na^+ + OH^-$$
水酸化ナトリウム　ナトリウムイオン　水酸化物イオン

$$Ca(OH)_2 \longrightarrow Ca^{2+} + 2OH^-$$
水酸化カルシウム　カルシウムイオン　水酸化物イオン

教科書 p.38

**活用　学びをいかして考えよう**

電離の式から①〜③の物質の水溶液が酸性か，アルカリ性か，中性かを判断しよう。

①硝酸（$HNO_3$）　　　　　　　電離の式：$HNO_3 \longrightarrow H^+ + NO_3^-$

②塩化ナトリウム（NaCl）　　　電離の式：$NaCl \longrightarrow Na^+ + Cl^-$

③水酸化バリウム（$Ba(OH)_2$）　電離の式：$Ba(OH)_2 \longrightarrow Ba^{2+} + 2OH^-$

● **解答（例）**

①酸性

②中性

③アルカリ性

○ **解説**

①電離して$H^+$を生じているので酸性である。

②電離して$H^+$，$OH^-$のいずれも生じていないので中性である。

③電離して$OH^-$を生じているのでアルカリ性である。

## 第3節　酸とアルカリを混ぜ合わせたときの変化

# 要点のまとめ

▶**中和**　水素イオンと水酸化物イオンとが結びついて水をつくり，たがいの性質を打ち消し合う反応。

$$H^+ + OH^- \longrightarrow H_2O$$
　水素イオン　水酸化物イオン　　　水

▶**塩**　酸の陰イオンとアルカリの陽イオンとが結びついてできた物質。塩には，水にとける物質と，とけない物質がある。

▶**中和と塩の生成**

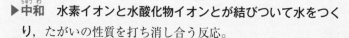

（例）塩酸と水酸化ナトリウム水溶液の中和

$$HCl + NaOH \longrightarrow NaCl + H_2O$$
　酸　　　アルカリ　　　　塩　　　水

（例）硫酸と水酸化バリウム水溶液の中和

$$H_2SO_4 + Ba(OH)_2 \longrightarrow BaSO_4 + 2H_2O$$
　酸　　　アルカリ　　　　塩　　　　水

※硫酸バリウム$BaSO_4$は水にとけないため，沈殿ができる。

● **塩のでき方**

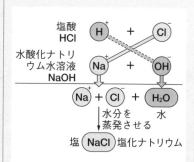

教科書 p.41

### 実験5
酸とアルカリを混ぜ合わせたときの変化

◎ 実験のアドバイス

・水溶液が皮膚にふれたら，直ちに多量の水でよく洗い流す。

・実験中は水溶液が目に入るのを防ぐため，保護眼鏡をかける。もし水溶液が目に入った場合は直ちに多量の水で洗い流し，先生に報告し，適切な処置を受ける。

・BTB溶液の色の変化はたいへん敏感なので，水溶液が目的の色に近づいたら，加える水溶液をこまごめピペットで1滴ずつ滴下し，そのつどよくかき混ぜる。

・ビーカーをろ紙などの白い紙の上に置くと，色の変化がわかりやすい。

◎ 結果の見方

●BTB溶液の色はどのように変化したか。

　塩酸に水酸化ナトリウム水溶液を加えていくと，BTB溶液の色は黄色→緑色→青色へと変化した。

●蒸発させて残った物はどのような形をしていたか。

　ステップ3で緑色になった水溶液をスライドガラスに1滴とり，水を蒸発させたら，あとに白い固体が残った。

◎ 考察のポイント

●BTB溶液の色と，水溶液中のイオンの数はどのように変化しただろうか。また，その結果，酸性の性質は弱くなっただろうか。

・イオンの数の変化

　$H^+$…イオンの数は減っていき，BTB溶液が緑色になった時点で0になり，その後も0のまま変化しなかった。

　$OH^-$…BTB溶液が緑色になるまでは0だが，その後はふえていった。

　$Na^+$…初めから終わりまでふえていった。

　$Cl^-$…初めから終わりまで変わらなかった。

・酸性の性質…弱くなった。

●BTB溶液が緑色になったとき，水溶液から水を蒸発させてできた結晶は何か。

　結晶の形から塩化ナトリウム（食塩）であることがわかる。

◎ 解説

・塩酸に水酸化ナトリウム水溶液を加えていくと，酸・アルカリの性質をたがいに打ち消し合う反応が起こる。

$$H^+ + OH^- \longrightarrow H_2O$$

この反応によって$H^+$の数は減っていくので，酸の性質やはたらきはしだいに弱くなり，ある時点で0になる（このとき水溶液は中性になる）。この時点まで，水酸化ナトリウム水溶液にふくまれていた$OH^-$は全て$H^+$と反応するので，$OH^-$の数は0のままである。さらに水酸化ナトリウム水溶液を加えると，反応する$H^+$がないので$OH^-$は水溶液中に残り，アルカリの性質やはたらきを示すようになる。

・中性のとき，$H^+$と$OH^-$は全て反応して水になり，溶液中には水以外に$Na^+$と$Cl^-$しか残っていないので，水溶液を蒸発させてできた結晶は塩化ナトリウムである。

・このように，中和が起こるとき，酸の陰イオンとアルカリの陽イオンとが結びついてできた物質を塩という。

 教科書 p.42

**分析解釈　モデルを使って考察しよう**

教科書42ページの図3は，塩酸に水酸化ナトリウム水溶液を加えていくときのイオンのモデルを表したものである。ビーカーの中のそれぞれのイオンの数がどのように変化していくのか，教科書42ページの図3のモデルを参考に考えよう。

● 解答（例）

・水素イオン…加えられた水酸化ナトリウム水溶液中の水酸化物イオンと結びついて水になるので，水酸化ナトリウム水溶液を加えていくと，減っていく。ちょうどなくなったときが過不足なく中和したときである。それ以降ふえることはない。

・塩化物イオン…水酸化ナトリウム水溶液を加えても，反応することはなく，ふえることもないので，最初から変化しない。

・ナトリウムイオン…水酸化ナトリウム水溶液中のナトリウムイオンは，ビーカーに入っても反応せず，イオンのままで存在する。よって，イオンの数はふえ続ける。

・水酸化物イオン…ビーカー内の水素イオンと結びついて水になるので，過不足なく中和するまでは，ビーカー内には存在しない。その後は，水素イオンがないので，水酸化物イオンの数はふえる。

○ 解説

この反応は次のように表される。

$$HCl \quad + \quad NaOH \quad \longrightarrow \quad NaCl \quad + \quad H_2O$$
塩酸　　　水酸化ナトリウム　　塩化ナトリウム　　　水

 教科書 p.44

**調べよう**

硫酸に水酸化バリウム水溶液を加えると，どのような反応が起こるかを調べよう。

● 解答（例）

中和反応が起こり，硫酸バリウムと水ができる。硫酸バリウムは水にとけないので，白い沈殿ができる。

$$H_2SO_4 \quad + \quad Ba(OH)_2 \quad \longrightarrow \quad BaSO_4 \quad + \quad 2H_2O$$
硫酸　　　水酸化バリウム　　硫酸バリウム　　　水

○ 解説

硫酸1個から水素イオンが2個，水酸化バリウム1個から水酸化物イオンが2個できるので，中和によってできる水分子は2個になる。

教科書 p.45

**活用　学びをいかして考えよう**
教科書41ページの実験5でBTB溶液のかわりにフェノールフタレイン溶液を使うと，色の変化はどのようになるか考えよう。

● 解答（例）
　最初は無色で，過不足なく中和しても無色であるが，その後，水酸化ナトリウム水溶液を加えて，溶液がアルカリ性になると赤色になる。再び塩酸を加えて，溶液が中性になると無色になる。

○ 解説
　酸性の水溶液である塩酸に水酸化ナトリウム水溶液を加えていくと，中性の水溶液になり，さらに加えるとアルカリ性の水溶液になる。フェノールフタレイン溶液は，溶液が酸性や中性のときは無色だが，溶液がアルカリ性のときは赤色になる。

 教科書 p.46　　章末　学んだことをチェックしよう

**❶ 酸性やアルカリ性の水溶液の性質**
　酸性，中性，アルカリ性の水溶液（すいようえき）を見分ける方法を説明しなさい。

● 解答（例）
**BTB溶液を加えて，黄色なら酸性，緑色なら中性，青色ならアルカリ性である。**

○ 解説
BTB溶液のほかにも，ムラサキキャベツ液やマローブルー液などを使っても見分けることができる（教科書39ページ参照）。

**❷ 酸性，アルカリ性の正体**
　酸とは何か。また，アルカリとは何か。それぞれの性質を示す原因になるイオンを用いて説明しなさい。

● 解答（例）
**酸とは，水溶液にしたとき，電離（でんり）して水素イオンを生じる化合物である。**
**アルカリとは，水溶液にしたとき，電離して水酸化物イオンを生じる化合物である。**

○ 解説
酸は次のように電離する。

$$\boxed{酸} \longrightarrow H^+ + \boxed{陰イオン}$$
水素イオン

また，アルカリは次のように電離する。

$$\boxed{アルカリ} \longrightarrow \boxed{陽イオン} + OH^-$$
水酸化物イオン

❸ 酸とアルカリを混ぜ合わせたときの変化

1. 下の式は中和のようすを示している。ア（陽イオン）とイ（陰イオン）に当てはまる化学式を書きなさい。

   （　ア　）　＋　（　イ　）　$\longrightarrow$　$H_2O$

2. 酸の陰イオンとアルカリの陽イオンが結びついてできる物質を（　　）という。

 解答（例）

1. ア…$H^+$, イ…$OH^-$
2. 塩

解説

　酸の水溶液とアルカリの水溶液を混ぜ合わせたとき，水素イオンと水酸化物イオンとが結びついて水をつくり，たがいの性質を打ち消し合う反応を，中和という。

📖 教科書 p.46　　章末　学んだことをつなげよう

この章で学んだことを，図にまとめよう。

● 解答（例）

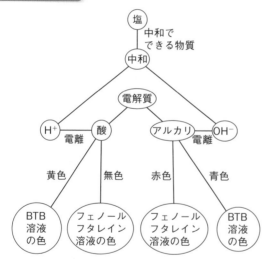

📖 教科書 p.46

**Before & After**
水溶液の酸性，アルカリ性は何によって決まるだろうか。

 解答（例）

　水溶液にしたときに，電離して水素イオンを生じるとき，その水溶液を酸性という。また，水酸化物イオンを生じるとき，アルカリ性という。

# 定期テスト対策

第**2**章 | **酸，アルカリとイオン**

単元 **1** 化学変化とイオン

**解答** p.205

/100

**1** 次の問いに答えなさい。

①酸性の水溶液は，緑色のBTB溶液の色を何色に変えるか。

②アルカリ性の水溶液は，緑色のBTB溶液の色を何色に変えるか。

③水溶液にしたとき，電離して水素イオンを生じる化合物を何というか。

④水溶液にしたとき，電離して水酸化物イオンを生じる化合物を何というか。

⑤酸性・アルカリ性の強さを値で表したものを何というか。

⑥⑤の値が7より大きいとき，7より小さいとき，7のときの水溶液は，それぞれ酸性，中性，アルカリ性のうちのどれか。

⑦酸の水溶液とアルカリの水溶液を混ぜ合わせたときに起こる，たがいの性質を打ち消し合う反応を何というか。

⑧⑦の反応が起こるとき，酸の陽イオンとアルカリの陰イオンが結びついて水ができる化学反応式を書きなさい。

**2** うすい塩酸を入れたビーカーにBTB溶液を2～3滴加え，さらに，こまごめピペットで水酸化ナトリウム水溶液を少量ずつ加えていった。

①このとき，BTB溶液は何色から何色，さらに何色に変化していくか。

②水酸化ナトリウム水溶液を加えている間，ビーカー内で数が増加し続けるイオンは何か。化学式で答えなさい。

③水酸化ナトリウム水溶液を加えている間，ビーカー内で数が変化しないイオンは何か。化学式で答えなさい。

④ビーカー内の溶液が中性になったとき，水を蒸発させて得られる物質は何か。物質名を答えなさい。

**3** うすい硫酸を入れたビーカーに，こまごめピペットで水酸化バリウム水溶液を少量ずつ加えていった。

①うすい硫酸と水酸化バリウム水溶液の中和でできる塩の物質名を答えなさい。

②ビーカー内の溶液が中性になったとき，溶液の中に電極を入れて電圧を加えると，電流は流れるか。また，そのようになる理由も答えなさい。

**1** 計47点

| | |
|---|---|
| ① | 5点 |
| ② | 5点 |
| ③ | 5点 |
| ④ | 5点 |
| ⑤ | 5点 |
| ⑥ | 4点 |
| | 4点 |
| | 4点 |
| ⑦ | 5点 |
| ⑧ | 5点 |

**2** 計33点

| | |
|---|---|
| ① | 5点 |
| | 5点 |
| | 5点 |
| ② | 6点 |
| ③ | 6点 |
| ④ | 6点 |

**3** 計20点

| | |
|---|---|
| ① | 6点 |
| ② | 6点 |
| 理由 | |
| | 8点 |

# 第3章 化学変化と電池

## これまでに学んだこと

▶ **化学変化と熱**（中2）　化学かいろやガスコンロは，化学変化により化学エネルギーを熱としてとり出している。

▶ **電流の流れと電子の流れ**（中2）　電流の正体は，**電子の流れ**である。電流が流れているとき，実際は，−の電気をもった電子が，電源の−極から＋極へ移動している。

・電子の流れ…−極　→　＋極　　　・電流の流れ…＋極　→　−極

---

## 第1節 電解質の水溶液の中の金属板と電流

### 要点のまとめ

▶ **電池**　化学変化を利用して，物質のもつ化学エネルギーを電気エネルギーに変える装置。**電解質の水溶液と2種類の異なる金属板**を使って電気をとり出すことができる。どちらが＋極になり，どちらが−極になるかは，組み合わせる金属の種類によって決まる。非電解質の水溶液を使ったり，同じ種類の金属を使ったりしたときは，電気をとり出すことができない。

> 教科書 p.48〜p.49
>
> **実験6**
> 電流をとり出すために必要な条件

 **実験のアドバイス**

・水溶液や金属板の組み合わせを変えるときは，水溶液が金属板についたままにならないように精製水で洗い，次の実験に影響しないようにする。

・電圧計の針が右（正の値）にふれたとき
　→電圧計の＋端子につないだ金属が＋極，−端子につないだ金属が−極になっている。

・電圧計の針が左（負の値）にふれたとき
　→電圧計の＋端子につないだ金属が−極，−端子につないだ金属が＋極になっている。

○ 結果の見方

●水溶液の種類や2種類の金属板の組み合わせによって，電子オルゴールの鳴り方や光電池用モーターの回り方，電圧計の針のふれ方はどのようになったか。

・使った水溶液がうすい塩酸のときは，次の表のようになった。

| 金属板の組み合わせ | モーターの回り方 | 電子オルゴールの鳴り方 | 電圧 | ＋極と－極 |
|---|---|---|---|---|
| 銅板と亜鉛板 | 回った | 鳴った | 0.70 V | ＋極：銅板<br>－極：亜鉛板 |
| 銅板とマグネシウムリボン | よく回った | よく鳴った | 1.55 V | ＋極：銅板<br>－極：マグネシウムリボン |
| 亜鉛板とマグネシウムリボン | よく回った | よく鳴った | 0.85 V | ＋極：亜鉛板<br>－極：マグネシウムリボン |
| 銅板と銅板 | 回らなかった | 鳴らなかった | 0.00 V | |
| 亜鉛板と亜鉛板 | 回らなかった | 鳴らなかった | 0.00 V | |

・同じ種類の金属板どうしでは，電流はとり出せなかった。
・使った水溶液が砂糖水のときは，どの金属の組み合わせでも電流はとり出せなかった。

○ 考察のポイント

●電流を流すためには，どのような水溶液と金属板を用いる必要があるのだろうか。

　電解質の水溶液に，異なる種類の金属を入れる。

●金属板の組み合わせとモーターの回り方には，どのような関係があるのだろうか。

　金属板の組み合わせによって電圧が変わり，電圧が大きいほどモーターはよく回る。

●モーターを速く回すためには，どのようなくふうをすればよいだろうか。

　電圧が大きい金属板の組み合わせにする。

　教科書 p.51

**活用　学びをいかして考えよう**

家庭にある金属製の調理器具や調味料を使って電池をつくるには，どのような材料を使えばよいか考えよう。

○ 解答（例）

・電極…アルミニウムはく，ステンレス製のスプーンやフォーク，銅製の食器など
・電解質…食塩，しょうゆ，食酢(しょくす)，炭酸水素ナトリウム（重そう），クエン酸など

○ 解説

・ステンレスは鉄を主な成分とする合金である。
・電解質の水溶液に，電極となる2種類の金属を入れて，金属どうしを導線でつなぐと電池になる。このとき，2種類の金属が直接ふれ合わないようにする。
・使用後の調味料（電解質水溶液）には，－極側の金属がイオンになってとけ出しており，人体に有害なので，口にしてはいけない。

# 第2節 金属のイオンへのなりやすさのちがいと電池のしくみ

## 要点のまとめ

▶**金属のイオンへのなりやすさ** 金属によって陽イオンへのなりやすさには差がある。電池では，陽イオンになりやすい金属が−極になる。

▶**電池とイオン**

① −極の金属が，電子を金属板に残して陽イオンになり，水溶液中にとけ出す。

② −極に残された電子が，導線を通って＋極へ移動する（電流が流れる）。

③ ＋極へ移動した電子を，水溶液中の陽イオンが受けとり，原子になる。

●硫酸銅水溶液に亜鉛片を入れたときのモデル

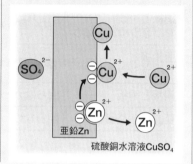

硫酸銅水溶液$CuSO_4$

教科書 p.53

**実験7**

金属のイオンへのなりやすさの比較

◎ **結果の見方**

●どのような変化が起きたかをくわしく記録し，実験の結果を表にまとめる。

| 試験管の水溶液 | 入れた金属片 | 結果 |
|---|---|---|
| 硫酸銅水溶液 | マグネシウム | マグネシウム片に銅が付着した。 |
| 硫酸銅水溶液 | 亜鉛 | 亜鉛片に銅が付着した。マグネシウム片と比べると，付着した量が多かった。 |
| 硫酸マグネシウム水溶液 | 銅 | 反応しなかった。 |
| 硫酸マグネシウム水溶液 | 亜鉛 | 反応しなかった。 |
| 硫酸亜鉛水溶液 | 銅 | 反応しなかった。 |
| 硫酸亜鉛水溶液 | マグネシウム | マグネシウム片に亜鉛が付着した。 |

◎ **考察のポイント**

●銅，マグネシウム，亜鉛はどの順番でイオンになりやすいか。

マグネシウム，亜鉛，銅の順番にイオンになりやすい。

●2種の金属板で電池をつくったとき，−極になる金属はイオンになりやすい方の金属か，イオンになりにくい方の金属か。

イオンになりやすい方の金属が−極になる。

解説

・硫酸銅水溶液にマグネシウム片を入れた場合

　硫酸銅は電解質なので，この水溶液中には，$Cu^{2+}$ と $SO_4^{2-}$ が存在する。そこにマグネシウム片を入れると銅が付着したことから，銅イオンが電子を受けとって原子になったことがわかる。このとき，受けとった電子は，マグネシウムが放出したものであり，マグネシウムはマグネシウムイオンになって水溶液中にとけ出した。つまり，$Cu^{2+}$ は $Cu$ に，$Mg$ は $Mg^{2+}$ になることから，マグネシウムの方がイオンになりやすいことがわかる。硫酸銅水溶液に亜鉛片を入れた場合も同じように考えることができるので，亜鉛の方が銅よりもイオンになりやすいことがわかる。

・硫酸亜鉛水溶液にマグネシウム片を入れた場合

　考え方は同じで，ここでは，マグネシウムがマグネシウムイオンになり，亜鉛イオンが亜鉛になることから，マグネシウムの方が亜鉛よりイオンになりやすいことがわかる。

　このほかの水溶液と金属片の組み合わせで反応しなかったものは，イオンになりやすい方がすでにイオンになっている場合である。

以上のことから，マグネシウム，亜鉛，銅の順番にイオンになりやすいことがわかる。

📖 教科書 p.55

**ふり返り　探究をふり返ろう**

食器や装飾品などに使われる銀のイオンへのなりやすさは，ほかの金属と比べてどうだろうか。教科書55ページの図4のようすから考えよう。また，教科書55ページの図4の銅線の表面で起きている反応を教科書53ページの実験7と教科書54ページの図1，教科書54ページの図2をふり返ってモデルで表そう。

● 解答〔例〕

**銀はマグネシウム，亜鉛，銅よりイオンになりにくい。**

解説

　教科書53ページの実験7からわかったように，マグネシウム，亜鉛，銅の順にイオンになりやすい。この中で一番イオンになりにくい銅と比べると，教科書55ページの図4より，銀の方が銅よりイオンになりにくいことがわかる。

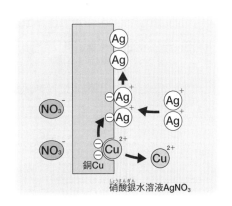

硝酸銀水溶液AgNO₃

📖 教科書 p.56

**分析解釈　モデルを使って考察しよう**

うすい塩酸に亜鉛板と銅板を入れた電池の中で起こっていることを，イオンや電子のモデルを使って考えよう。

①うすい塩酸の中にあるイオンを表そう。また，この電池で−極，＋極になった金属は何か。

②うすい塩酸の中でとけた−極の金属板の変化を，イオンのモデルで表そう。

③＋極から気体が発生したときの変化を，イオンのモデルで表そう。

④亜鉛板と銅板をつないだ導線を流れる電子のようすを，電子のモデルで表そう。

● 解答（例）

① うすい塩酸の溶質（塩化水素）は，水溶液中で次のように電離しているので，うすい塩酸の中にある
イオンは，水素イオンと塩化物イオンである。

$$HCl \longrightarrow H^+ + Cl^-$$

また，亜鉛板と銅板の組み合わせのとき，電池の－極は亜鉛板，＋極は銅板である。

② －極である亜鉛板の表面では，亜鉛原子が電子を2個失って
亜鉛イオン $Zn^{2+}$ となり，うすい塩酸の中にとけ出していく。
電極に残された電子は，導線を通って＋極の銅板に向かって
移動する。

$$Zn \longrightarrow Zn^{2+} + 2e^-$$

③ ＋極である銅板の表面では，うすい塩酸の中の水素イオンが，
－極から導線を通って移動してきた電子を1個受けとって水
素原子となる。この水素原子が2個結びついて水素分子とな
り，気体（水素）となって＋極の表面から空気中に出ていく。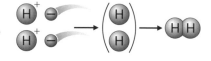

$$2H^+ + 2e^- \longrightarrow (2H) \longrightarrow H_2$$

④ －極で亜鉛原子が亜鉛イオンに変化するときに失った電子は，－極から導線を通って＋極に移動す
る。これによって，導線に＋極から－極の向きに電流が流れる。

これらの化学変化をイオンのモデルを使って表すと，次の図のようになる。

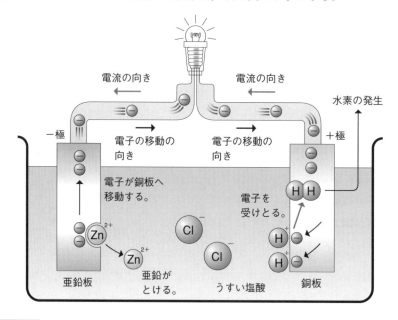

○ 解説

・うすい塩酸に亜鉛板と銅板を入れた電池では，気体（水素）が発生するのは銅板の表面だけで，亜鉛板
の表面からは気体が発生しない。

　注）実験のしかたによっては，亜鉛板から気体が発生することもあるが，これは亜鉛板の表面がうす
　　　い塩酸と反応して水素が発生する化学変化であり，電池のしくみとは関係ない。

教科書 p.57

**活用　学びをいかして考えよう**

教科書48ページの実験6でつくった電池のうち，電圧が一番大きくなったのは，どの金属板の組み合わせのときであったか。金属のイオンへのなりやすさに着目して考えよう。

● **解答（例）**

マグネシウムと銅

◯ **解説**

イオンへのなりやすさのちがいが大きい方が，電圧が大きい。

## 第3節　ダニエル電池

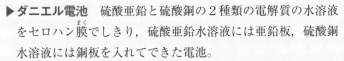 **要点のまとめ**

▶ **ダニエル電池**　硫酸亜鉛と硫酸銅の2種類の電解質の水溶液をセロハン膜でしきり，硫酸亜鉛水溶液には亜鉛板，硫酸銅水溶液には銅板を入れてできた電池。

セロハン膜は2種類の水溶液がすぐに混ざらないようにするが，電流を流すために必要なイオンは通過させる。

・一極での反応

$$Zn \longrightarrow Zn^{2+} + 2e^-$$

・＋極での反応

$$Cu^{2+} + 2e^- \longrightarrow Cu$$

● **ダニエル電池**

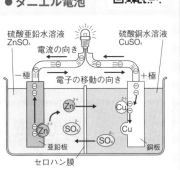

 教科書 p.59

**実験8**

ダニエル電池の作製

● **結果（例）**

・電圧は約1.1Vである。

・亜鉛が一極である。

◯ **結果の見方**

● モーターの回り方や，電圧の値はどのように変化したか。

・モーターは，長い時間，安定して回った。

・電圧は約1.1Vで安定していた。

●電極の表面はどのように変化したか。

－極は亜鉛がとけ出し，＋極は銅が付着した。

◎ 考察のポイント

●教科書57ページ図3の電池よりもすぐれているところは何か。

・長い時間，電圧が安定している。

・電極で気体が発生しない。

◎ 解説

　ダニエル電池では，電流が流れるのに必要なイオンの移動だけしか起こらないので，電流が流れるのに直接関係がない反応(水素の発生)も起こらない。

 教科書 p.61

**活用　学びをいかして考えよう**

ダニエル電池の電極と電解質の水溶液を変えた電池を考える。亜鉛と硫酸亜鉛水溶液，銅と硫酸銅水溶液，マグネシウムと硫酸マグネシウム水溶液のいずれかを＋極側と－極側に使うとき，一番大きな電圧が得られるのはそれぞれどの組み合わせを使用したときだろうか。

● 解答(例)

＋極側が銅と硫酸銅水溶液，－極側がマグネシウムと硫酸マグネシウム水溶液の組み合わせ。

◎ 解説

イオンへのなりやすさのちがいが大きい方が，電圧が大きい。

---

## 第4節　身のまわりの電池

### 要点のまとめ

▶**一次電池**　使うと電圧が低下し，もとにもどらない電池。
　(例)マンガン乾電池，アルカリ乾電池，リチウム電池，酸化銀電池，空気電池など。

▶**二次電池(蓄電池)**　外部から逆向きの電流を流すと低下した電圧が回復し，くり返し使うことができる電池。電圧を回復させる操作を**充電**という。
　(例)鉛蓄電池，ニッケル水素電池，リチウムイオン電池など。

▶**燃料電池**　水の電気分解とは逆の化学変化を利用する電池。有害な物質を発生することがないので，環境に対する悪影響が少ないと考えられている。

●燃料電池の反応

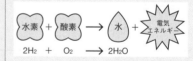

$$2H_2 + O_2 \longrightarrow 2H_2O$$

水素 ＋ 酸素 → 水 ＋ 電気エネルギー

**教科書 p.65**

**活用　学びをいかして考えよう**

スマートフォンに，乾電池ではなくリチウムイオン電池が使われている理由を考えよう。

● **解答（例）**

・小型化，軽量化が可能であるから。

・電圧が安定していて，大きな電流が得られるから。

・充電してくり返し使うことができるから。

 **教科書 p.65**　　　**章末　学んだことをチェックしよう**

❶ 電解質の水溶液の中の金属板と電流

1. 電池に必要なのは，電解質の水溶液，非電解質の水溶液のどちらか。
2. 電池は，物質のもつ（　　）エネルギーを，（　　）エネルギーに変換している。

● **解答（例）**

1. 電解質の水溶液
2. 化学，電気

○ **解説**

電解質の水溶液に2種類の異なる金属板を入れると電流をとり出すことができる。

❷ 金属のイオンへのなりやすさのちがいと電池のしくみ

1. 銅と亜鉛では，陽イオンになりやすいのはどちらの金属か。
2. 金属のイオンへのなりやすさは，どのような実験をすれば確かめられるか。
3. 電子を放出する化学変化が起きているのは，電池の＋極と−極のどちらか。

● **解答（例）**

1. 亜鉛
2. 比べたい2つの金属について，一方の金属のイオンが存在する水溶液に，他方の金属を入れる。
3. −極

○ **解説**

電池では，イオンになりやすい金属が−極になる。

❸ ダニエル電池

1. ダニエル電池でイオンになりやすい金属が使われるのは，＋極，−極のどちらか。
2. 亜鉛板と銅板を塩酸につけた電池と比べて，ダニエル電池のすぐれているのはどのようなところか。

**解答（例）**

1. 一極
2. 約1.1Vの電圧を長い時間安定して得られるところ。可燃性の気体である水素が発生しないところ。

**解説**

亜鉛板と銅板を塩酸につけた電池では，可燃性の気体である水素が発生することや，すぐに電圧が低下することが問題点である。

> ❹ 身のまわりの電池
> 　電池には，充電のできない（　　）電池と，充電のできる（　　）電池がある。

**解答（例）**

一次，二次

**解説**

使うと電圧が低下し，もとにもどらない電池を一次電池という。また，外部から逆向きの電流を流すと低下した電圧が回復し，くり返し使うことができる電池を二次電池という。

## 教科書 p.65　章末　学んだことをつなげよう

> 金属のイオンへのなりやすさのちがいと，電池の電極にはどのような関係があるのだろうか。ダニエル電池の図をかいて，イオンのモデルで説明してみよう。

**解答（例）**

電池では，イオンになりやすい金属の電極が一極，もう一方の電極が＋極となる。

ダニエル電池では，使用する金属板の亜鉛と銅のうち，亜鉛の方が陽イオンになりやすいため亜鉛板が一極になり，もう一方の銅板が＋極となる。一極の亜鉛板の表面では亜鉛が水溶液の中にとけ出し，電極に残された電子が導線を通って＋極の銅板へ向かって流れるので，このとき外部へ電気エネルギーをとり出すことができる。

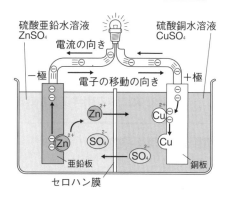

## 教科書 p.65

**Before & After**

電池はどのようなしくみで電流をつくり出しているだろうか。

**解答（例）**

電解質の水溶液に2種類の異なる金属板を入れて導線でつなぐと，イオンになりやすい方の金属板から導線を通ってもう一方の金属板へ向かって，電子が流れる。このようなしくみで電流をつくり出している。

# 定期テスト対策 第3章 化学変化と電池

解答 p.205

/100

**1** 電解質水溶液を入れたビーカーに2種類の金属板を入れ，電子オルゴールをつないだところ，電子オルゴールが鳴った。

①このように，化学変化によって電流をとり出すしくみをもつ装置を何というか。

②電子オルゴールが鳴っているとき，電子は導線の中を，電池の＋極，－極のどちらからどちらに向かって移動しているか。

③水溶液を非電解質の水溶液に変えても電子オルゴールは鳴るか。

④金属板を2枚とも同じ種類の金属板に変えても電子オルゴールは鳴るか。

**2** うすい塩酸を入れたビーカーに亜鉛板と銅板を入れ，モーターにつないだところ，モーターが回った。

①この電池で＋極，－極になった金属は何か。

②－極ではどのような化学変化が起こっているか，説明しなさい。

③＋極ではどのような化学変化が起こっているか，説明しなさい。

④モーターをしばらく回転させた後，亜鉛板，銅板の質量をはかると，モーターを回転させる前と比べて質量はそれぞれどうなるか。

**3** 次の問いに答えなさい。

①マンガン乾電池のように，使うと電圧が低下し，もとにもどらない電池を何というか。

②ニッケル水素電池のように，外部から逆向きの電流を流すと低下した電圧が回復し，くり返し使うことができる電池を何というか。また，電圧を回復させる操作を何というか。

③水の電気分解とは逆の化学変化を利用する電池を何というか。

④③の電池は環境への悪影響が少ない電池と考えられている。その理由を答えなさい。

⑤③の電池から電気エネルギーをとり出すときに起こる化学変化を，化学反応式で書きなさい。

⑥硫酸亜鉛と硫酸銅の2種類の電解質水溶液をセロハン膜でしきり，亜鉛板，銅板を使って電流をとり出す電池を何というか。

---

**1** 計20点

| | |
|---|---|
| ① | 5点 |
| ② | 5点 |
| ③ | 5点 |
| ④ | 5点 |

**2** 計40点

| | |
|---|---|
| ①＋極 | 5点 |
| 　－極 | 5点 |
| ② | 10点 |
| ③ | 10点 |
| ④亜鉛板 | 5点 |
| 　銅板 | 5点 |

**3** 計40点

| | |
|---|---|
| ① | 5点 |
| ②電池 | 5点 |
| 　操作 | 5点 |
| ③ | 5点 |
| ④ | 10点 |
| ⑤ | 5点 |
| ⑥ | 5点 |

教科書 p.70

## 確かめと応用 | 単元 1 | 化学変化とイオン

### 1 水溶液と電流

精製水に砂糖，食塩，エタノール，塩酸，水酸化ナトリウムを別々に加えてとかし，水溶液をつくった。これらの水溶液について下図のような装置で電流が流れるかどうか調べた。表は実験の結果を示している。

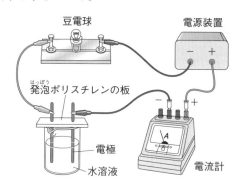

| 水溶液 | 電流が流れたか |
|---|---|
| 砂糖水 | 流れなかった。 |
| 食塩水 | 流れた。 |
| エタノール水溶液 | 流れなかった。 |
| うすい塩酸 | 流れた。 |
| 水酸化ナトリウム水溶液 | 流れた。 |

❶精製水にとかす前の砂糖と食塩の固体に電流が流れるか調べたところ，どちらにも電流が流れなかった。このことと，表の結果からどんなことがわかるか。

❷水にとかした物質のうち，非電解質の物質を全て選びなさい。

❸この実験で精製水のかわりに水道水を用いて水溶液をつくってはいけない。その理由を説明しなさい。

### ● 解答（例）

❶固体では電流が流れないが，水にとかすと電流が流れる物質（食塩）と流れない物質（砂糖）に分かれる。

❷砂糖，エタノール

❸水道水には，電解質がわずかにふくまれているため，非電解質を水道水にとかしても電流が流れてしまうから。

### ○ 解説

❶砂糖は，水溶液にしても電離しないので電流は流れない。

❷非電解質とは水にとかしても電流が流れない物質のことで，砂糖やエタノールがそれにあたる。

❸水道水には，殺菌のための薬品や金属のイオンがごくわずかだがふくまれている。

📖 教科書 p.70

## 確かめと応用 | 単元 **1** | 化学変化とイオン

### **2** 塩化銅水溶液の電気分解

図の装置で塩化銅水溶液に電圧を加えて電気分解を行った。実験のなかで，陽極，陰極をつなぎかえて電極を観察したがどの方法でも，陽極には気体が発生し，陰極には赤色の物質が付着した。

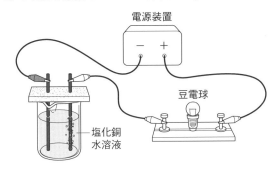

電源装置

豆電球

塩化銅水溶液

❶陽極，陰極をつなぎかえても電極で同じ変化が起こったことから，どんなことがわかるか。水溶液にとけている物質が帯びている電気の種類と関係づけて説明しなさい。

❷陽極で発生した気体の名前と，その気体の特徴を書きなさい。

❸塩化銅が水溶液中で電離しているようすを化学式を用いて表しなさい。

❹この実験の水溶液をうすい塩酸に変えて行ったときに，陽極，陰極に発生する物質の化学式をそれぞれ答えなさい。

### ● 解答（例）

❶塩化銅は，化学変化が起きる前には，それぞれ＋あるいは－の電気を帯びた物質に分かれて水にとけている。＋の電気を帯びた物質は陰極で，－の電気を帯びた物質は陽極で化学変化を起こす。

❷塩素

特有のにおいをもつ，漂白作用がある，など。

❸ $CuCl_2 \longrightarrow Cu^{2+} + 2Cl^-$

❹陽極… $Cl_2$，陰極… $H_2$

### ○ 解説

❶❷銅イオンは陰極で電子を受けとり銅になる。塩化物イオンは陽極で電子を放出し塩素になる。

❸物質が水にとけて陽イオンと陰イオンにばらばらに分かれることを電離という。塩化銅はナトリウムイオンと塩化物イオンに分かれる。

❹次のような反応が起こる。

陽極：$2Cl^- \longrightarrow Cl_2 + 2e^-$

陰極：$2H^+ + 2e^- \longrightarrow H_2$

📖 教科書 p.70

# 確かめと応用 ｜ 単元 **1** ｜ 化学変化とイオン

## ③ イオンと原子のなり立ち

図は，ヘリウム原子の構造を表したものである。

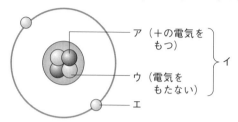

ア（＋の電気をもつ）
ウ（電気をもたない）
イ
エ

❶ ア〜エの名称を答えなさい。

❷ エは，＋，－のどちらの電気をもっているか。

❸ 電気を帯びていない原子のア，エの個数について，以下の（　）に「＝，＜，＞」のいずれかを入れなさい。

　　ア（　）エ

❹ 電気を帯びていない原子がイオンになるとき，ア，ウ，エのうち，どの個数が変わるか。

● 解答（例）

❶ ア…陽子

　イ…原子核

　ウ…中性子

　エ…電子

❷ －

❸ ＝

❹ エ

◦ 解説

❶ 原子の中心には原子核があり，そのまわりを－の電気を帯びた電子が回っている。原子核は，＋の電気を帯びた陽子と，電気を帯びていない中性子からできている。

❷ エは電子で，－の電気を帯びている。

❸ 電気を帯びていない原子では，陽子の数と電子の数は等しく，陽子1個がもつ＋の電気の量と，電子1個がもつ－の電気の量が等しいので，原子全体としては電気を帯びていない。

❹ 原子が電子を失うと，電子の数が陽子の数より少なくなり，全体として＋の電気を帯びた陽イオンになる。

原子が電子を受けとると，電子の数が陽子の数より多くなり，全体として－の電気を帯びた陰イオンになる。

# 確かめと応用 　単元 **1** 　化学変化とイオン

単元
**1**
化学変化とイオン

## **4** 酸性，アルカリ性の正体

図のような装置をつくり，ろ紙の中央にうすい塩酸や，うすい水酸化ナトリウム水溶液を数滴滴
下した後，電圧を加え，ろ紙の色の変化を調べた。

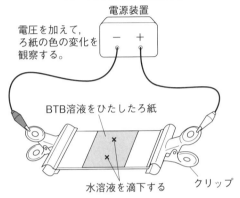

クリップに電源装置をつなぎ，
10～15Vの電圧を加える。

電源装置

電圧を加えて，
ろ紙の色の変化を
観察する。

BTB溶液をひたしたろ紙

水溶液を滴下する

クリップ

❶うすい塩酸やうすい水酸化ナトリウム水溶液を滴下したろ紙の色はどのように変化し，電圧を
　加えるとどちらの極に移動するか。

❷❶から，酸性，アルカリ性を示す物質はそれぞれ＋，－のどちらの電気をもっていると考えら
　れるか。

❸酸性，アルカリ性の性質を示す原因となるイオンの名称と化学式を，それぞれ答えなさい。

● **解答（例）**

❶塩酸…黄色に変色し，陰極に移動する。

　水酸化ナトリウム水溶液…青色に変色し，陽極に移動する。

❷酸性…＋の電気

　アルカリ性…－の電気

❸酸性…$H^+$，水素イオン

　アルカリ性…$OH^-$，水酸化物イオン

○ **解説**

　酸性の性質を示す原因となるイオンは水素イオンで，＋の電気をもっているので，陰極に引き寄せら
れる。アルカリ性を示す原因となるイオンは水酸化物イオンで，－の電気をもっているので，陽極に引
き寄せられる。

📖 教科書 p.71

# 確かめと応用 | 単元 **1** | 化学変化とイオン

## **5** 酸とアルカリを混ぜ合わせたときの変化

うすい水酸化ナトリウム水溶液に，BTB溶液を数滴加えた後，うすい塩酸を加えて中性にした。

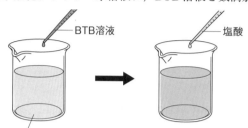

❶うすい塩酸を加えたときに，水ができる化学変化が起こる。この化学変化を何というか。

❷❶の化学変化では，何というイオンと何というイオンが結びつくのか。

❸塩酸を加えた後の水溶液を1滴スライドガラスにとり，水を蒸発させると，白い粒が残った。
　この白い粒の物質の名称を答えなさい。

❹酸とアルカリを混ぜたときにできる❸の物質の総称を何というか。

● 解答（例）

❶中和

❷水素イオンと水酸化物イオン

❸塩化ナトリウム

❹塩

◎ 解説

❶❷❹水素イオンをふくむ酸の水溶液と水酸化物イオンをふくむアルカリの水溶液を混ぜ合わせると，
　水と塩ができる化学変化を中和という。水素イオンと水酸化物イオンが結びついて水ができ，酸の陰
　イオンとアルカリの陽イオンが結びついて塩ができる。

❸塩酸と水酸化ナトリウム水溶液の中和では，酸の陰イオン $Cl^-$ とアルカリの陽イオン $Na^+$ が結びつい
　て塩化ナトリウム $NaCl$ ができる。中性になった水溶液は，塩化ナトリウム水溶液になっている。

　　$HCl$ ＋ $NaOH$ ⟶ $NaCl$ ＋ $H_2O$
　　塩酸　　水酸化ナトリウム　　塩化ナトリウム　　　水

教科書 p.71

## 確かめと応用 | 単元 **1** | 化学変化とイオン

### ❻ 金属のイオンへのなりやすさ

図のように，金属イオンをふくむ水溶液に金属片を入れ，しばらく放置したときの変化を調べた。表は実験の結果を表している。

金属イオン
をふくむ
水溶液

金属片

| 金属片 | 金属イオンをふくむ水溶液 | |
| --- | --- | --- |
| | 硫酸銅水溶液 | 硫酸亜鉛水溶液 |
| 銅 | 変化がなかった。 | 変化がなかった。 |
| 亜鉛 | 金属表面に赤色の物質が付着した。 | 変化がなかった。 |
| マグネシウム | 金属表面に赤色の物質が付着した。 | 金属表面に銀色の物質が付着した。 |

❶金属片に金属が付着したとき，金属片の表面で起きている化学変化を，金属のイオンへのなりやすさに関係づけて説明しなさい。

❷表の3種類の金属をイオンになりやすい順に並べなさい。

❸銀イオンをふくむ水溶液に銅の金属片を入れたところ，金属が付着した。銀のイオンへのなりやすさは，3種類の金属のイオンへのなりやすさと比べて何番目になるか。

**● 解答（例）**

❶金属片の金属の方が，水溶液中の金属イオンの金属よりもイオンになりやすいとき，金属片の金属が（電子を放出して）イオンに変化し，水溶液中の金属イオンが（電子を受けとって）金属に変化する。

❷マグネシウム＞亜鉛＞銅

❸4番目。銀は，3種類の金属よりもイオンになりにくい。

**○ 解説**

❶イオンになりやすい金属の単体を，イオンになりにくい金属の陽イオンが存在する水溶液中に入れると，イオンになりやすい金属は陽イオンになって水溶液中にとけ出し，イオンになりにくい金属の陽イオンは金属の単体となる。

❷実験結果から，亜鉛と銅では亜鉛，亜鉛とマグネシウムではマグネシウムの方がイオンになりやすいことがわかる。

❸銀イオンが銀になって付着し，銅がイオンになったことから，銅の方がイオンになりやすいことがわかる。マグネシウム，亜鉛，銅の中では，銅は一番イオンになりにくいが，銀はもっとイオンになりにくい。

教科書 p.71

## 確かめと応用　単元 1　化学変化とイオン

### 7 ダニエル電池の製作

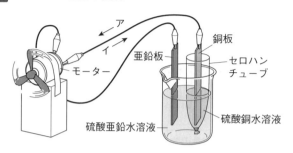

上の図のように，うすい硫酸亜鉛水溶液を入れたビーカーに亜鉛板を入れた。その後，硫酸銅水溶液と銅板を入れたセロハンチューブをビーカーの硫酸亜鉛水溶液に入れ，モーターにつないだところ，電流が流れた。

❶このとき＋極になる金属を書きなさい。また，電流の流れる向きを図中のア，イから選びなさい。

❷＋極，また一極での反応として正しいものを，それぞれ下のア～オから選びなさい。

**ア**　銅が電子を受けとり，銅イオンになる。

**イ**　銅イオンが電子を受けとり，銅になる。

**ウ**　亜鉛が電子を放出し，亜鉛イオンになる。

**エ**　亜鉛イオンが電子を受けとり，亜鉛になる。

**オ**　銅が電子を放出し，銅イオンになる。

❸セロハンチューブを用いて２つの水溶液を分けなければならない理由を，金属のイオンへのなりやすさに関係づけて説明しなさい。

### 解答（例）

❶銅

　　電流の向き…ア

❷＋極…イ

　　一極…ウ

❸亜鉛の方が，銅よりもイオンになりやすいので，硫酸銅水溶液と亜鉛板がふれると，亜鉛と銅イオンの間で電子の受けわたしが起きてしまい，電流が流れなくなってしまうため。

### 解説

❶イオンになりやすい金属が一極になるので，イオンになりにくい金属が＋極になる。

❷＋極では銅イオンが銅になり，一極では亜鉛が亜鉛イオンになる。

❸亜鉛と銅イオンの間で電子の受けわたしが起こると，導線の中を電子が移動しなくなる。

📖 教科書 p.72 　**活用編**

# 確かめと応用 | 単元 **1** | 化学変化とイオン

## 1 イオンと中和反応

ブドウジュースはムラサキキャベツと同じ色素をふくむので，指示薬のかわりに使える。教科書39ページのムラサキキャベツ液の色の変化を参考にして，下の問いに答えなさい。

〔実験1〕

ガラス棒
うすい水酸化ナトリウム水溶液
ブドウジュースを加えたうすい塩酸
図1

①ビーカーに $20\,\mathrm{cm}^3$ のうすい塩酸を入れ，ブドウジュースを少量加えて赤色にした。

②このビーカーにうすい水酸化ナトリウム水溶液を加えていくと，$15\,\mathrm{cm}^3$ 加えたところで水溶液は紫色になり，さらに加えていくと緑色になった。

❶図2は，実験1のある時点での水溶液中のようすを粒子のモデルで表したものである。なお，$H_2O$ は中和で生じた水分子を，$Cl^-$ は①で存在しているすべての塩化物イオンを表している。このとき，水溶液中に存在するイオンを [　　　　] に化学式で答えなさい。

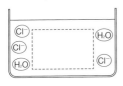

図2

❷この実験で，ビーカー内の水溶液中の $H^+$，$Cl^-$，$Na^+$，$OH^-$ の数の変化を表したグラフとして，最も適当なものを次のア～エからそれぞれ選んで記号で答えなさい。

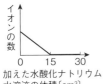
ア

イ

ウ

エ

〔実験2〕

次にうすい硫酸とうすい水酸化バリウム水溶液を使用して，実験1と同じ実験を行った。この実験に関する次の会話について，問いに答えなさい。

**先生**「この実験でできた白い沈殿の化学式はわかりますか。」

**生徒**「硫酸の化学式が $H_2SO_4$，水酸化バリウムの化学式が $Ba(OH)_2$ なので，この白い沈殿の化学式は（　A　）です。」

先生「そうですね。この物質は，人体に無害でX線を通さないので（　B　）に使われています。また，この実験では，pH指示薬を使わなくても，ちょうど中和したときがわかるのですが，どうすればよいでしょうか。」

生徒「この化学変化では，中和によって水と（　A　）ができ，ちょうど中和したときに水溶液中に（　C　）が存在しないから，　X　。」

❸（　A　）には適切な化学式を，（　B　）と（　C　）には適切な語句を答えなさい。また，　X　にちょうど中和したことを調べる方法を答えなさい。

● **解答（例）**

❶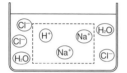

❷ H⁺…ア

Cl⁻…エ

Na⁺…ウ

OH⁻…イ

❸ A…$BaSO_4$

B…X線の造影剤

C…イオン

X…電流が流れるかどうかを調べて，電流が流れなくなったときにちょうど中和が起こったことがわかります

○ **解説**

❶ビーカー内に$H_2O$が2個存在するのでOH⁻が2個加えられたと考えられ，Na⁺が2個あることがわかる。また，Cl⁻が3個存在するのでH⁺は3個存在したはずだが，そのうち2個は中和して水分子になったので，残りの1個が存在する。

❷水素イオンは，最初ビーカー内に存在し，その後中和反応で減少し，過不足なく中和反応が起こった後は存在しない。塩化物イオンは，最初ビーカー内に存在し，増減はない。ナトリウムイオンは，最初ビーカー内には存在しないが，水酸化ナトリウム水溶液を加えていくごとに増加していく。水酸化物イオンは，最初ビーカー内に存在せず，水酸化ナトリウム水溶液を加えると，加えた分だけ水素イオンと中和反応するので，過不足なく中和反応が起こるまでは存在しない。その後は増加する。

❸硫酸と水酸化バリウムの中和反応は次のようになる。

$$H_2SO_4 + Ba(OH)_2 \longrightarrow BaSO_4 + 2H_2O$$

この中和反応で生じる塩は硫酸バリウムで，これは水にとけないので白い沈殿になる。このため，過不足なく中和反応が起こった状態では，水溶液中にイオンが存在しなくなるので，電流が流れない。

📖 教科書 p.72～p.73 　**活用編**

# 確かめと応用 ｜ 単元 **1** ｜ 化学変化とイオン

## ❷ ダニエル電池

以下は，教科書59ページのダニエル電池の実験についての会話である。会話文を読んで，下の問いに答えなさい。

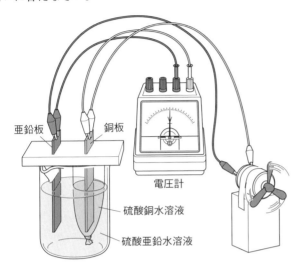

亜鉛板　銅板

電圧計

硫酸銅水溶液

硫酸亜鉛水溶液

**つばささん**「ダニエル電池を使ってしばらく光電池用モーターを回した後に①電極の質量を調べたら，－極では金属がイオンになる化学変化が起きていることがわかったよ。」

**かおるさん**「ダニエル電池の水溶液の中には，反応にかかわらないイオンはなくてもよいのかな。」

**あゆむさん**「それなら，硫酸亜鉛水溶液のかわりに（　A　）を使うと，……電流がとり出せたね。そうか，（　B　）の水溶液ならいいんだね。」

**かおるさん**「でも，②塩化銅は（　B　）なのに，水溶液にしても電流はとり出せないよ。」

**先生**「そうですね。次に，亜鉛板と硫酸亜鉛水溶液，銅板と硫酸銅水溶液の組み合わせを，マグネシウムと硫酸マグネシウム水溶液の組み合わせにかえられないか考えてみましょう。」

**つばささん**「2種類の異なる金属を電極に使えば電池になるはずだから，かえられるのではないかな。」

**かおるさん**「亜鉛，銅，マグネシウムはマグネシウム＞亜鉛＞銅の順番でイオンになりやすいから，ダニエル電池の（　C　）のほうをマグネシウムと硫酸マグネシウム水溶液の組み合わせにかえると，電圧が大きくなったね。」

**あゆむさん**「どうしてダニエル電池は銅と亜鉛の組み合わせなんだろう。」

**先生**「ダニエルが電池を発明した当時は，マグネシウムの単体が発見されたばかりで手に入りにくかったために手に入りやすい亜鉛と銅を使ったのです。現在使われている電池も，性能と材料費のバランスを考えて何を材料に使うか決めているのです。」

❶会話文中の下線①について，亜鉛板の質量と銅板の質量はどのように変化するか。下の表ア〜エから正しいものを1つ選べ。

| | ア | イ | ウ | エ |
|---|---|---|---|---|
| 亜鉛板の質量 | 増加した。 | 減少した。 | 増加した。 | 減少した。 |
| 銅板の質量 | 増加した。 | 減少した。 | 減少した。 | 増加した。 |

❷（　Ａ　）に入る水溶液として，ア〜エから正しいものを1つ選びなさい。あわせて，（　Ｂ　）に入る適切な語句を答えなさい。

　　ア　砂糖水　　イ　食塩水　　ウ　精製水　　エ　エタノール

❸会話文中の下線②について，塩化銅水溶液が使えない理由を説明しなさい。

❹（　Ｃ　）に入るのは−極，＋極のどちらか答えなさい。

● 解答(例)

❶エ

❷Ａ…イ

　Ｂ…電解質

❸亜鉛がとけ出し，水溶液中の銅イオンが亜鉛板のまわりに銅の単体となって付着してしまうから。

❹−極

○ 解説

❶ダニエル電池の−極では亜鉛板の亜鉛原子が電子を失って亜鉛イオンとなり，硫酸亜鉛水溶液中にとけ出すため，亜鉛板の質量は減少する。また，＋極では硫酸銅水溶液中の銅イオンが電子を受けとって銅となり，銅板上に付着するため，銅板の質量は増加する。

❷電解質の水溶液中にはイオンが存在するため電流が流れるが，非電解質の水溶液中にはイオンが存在しないため電流が流れない。食塩は電解質，砂糖とエタノールは非電解質である。また，精製水は水以外の物質をふくまない純粋な水なので，電流が流れない。

❸亜鉛が電子を放出して亜鉛イオンになるが，銅はイオンになりにくいので，亜鉛が放出した電子を受けとって，銅になる。

❹イオンになりやすい方の金属板が−極になる。

## この単元で学ぶこと

### 第1章 生物の成長と生殖

細胞の分裂のようすを観察し，生物の成長のしくみを学ぶ。

また，植物や動物がどのように子孫を残していくのかを学ぶ。

### 第2章 遺伝の規則性と遺伝子

親の形や性質が子に伝わるしくみ（遺伝）や，形や性質を子に伝えるもの（遺伝子）について学ぶ。

### 第3章 生物の多様性と進化

現存する生物と過去の生物を比べ，生物の進化について学ぶ。

# 第1章 生物の成長と生殖

## これまでに学んだこと

▶**生物と細胞**(中2)

・**細胞**…植物の葉などの内部に見える小さな部屋のようなもの。細胞は植物の葉だけでなく，全ての生物のからだに共通して見られる。

・**単細胞生物**…1つの細胞からなる生物。1つの細胞の中に，からだを動かしたり養分をとりこんだりするしくみがある。

・**多細胞生物**…多数の細胞からなる生物。

▶**魚と人の誕生**(小5)

・メダカの誕生…雌のうんだ卵が，雄の出した精子と結びつくことを**受精**という。受精によってできた受精卵の中には養分があり，メダカの子どもはこの養分を使って育つ。

・ヒトの誕生…ヒトは，女性の体内でつくられた**卵**(**卵子**)と，男性の体内でつくられた精子が結びついて受精し，受精卵ができる。受精卵は，女性の体内にある**子宮**で子どもに育つ。

▶**花のつくりとはたらき**(中1)　被子植物で，めしべの柱頭に花粉がつくことを**受粉**という。

受粉が起こると，子房が成長して果実になる。このとき，子房の中にある胚珠が成長して種子になる。花は種子をつくるはたらきをもつ。

●細胞のつくり

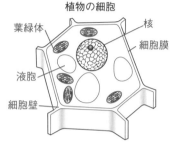

植物の細胞

葉緑体　核　細胞膜　液胞　細胞壁

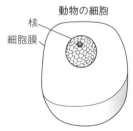

動物の細胞

核　細胞膜

●花のつくりとはたらき

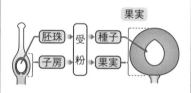

果実

胚珠　子房　受粉　種子　果実

## 第1節 生物の成長と細胞の変化

### 要点のまとめ

▶**細胞分裂**　1個の細胞が2つに分かれて2個の細胞になること。

▶**染色体**　細胞の中に見られるひものようなもの。染色体には，生物の**形質**(形や性質など)を決める**遺伝子**がある。

▶**体細胞分裂**　からだをつくる細胞が分裂する細胞分裂。

▶**細胞の変化と成長**　植物や動物などの多細胞生物は，**細胞分裂が行われて細胞の数がふえるとともに，細胞分裂によってふえた細胞自体が大きくなることで，成長する。**

▶**染色体の数**　細胞分裂では，全ての染色体が複製されて2本となり，それらが2等分されて，新しくできる細胞に受けわたされる。**新しくできる細胞の核には，もとの細胞と全く同じ数，同じ内容の染色体がふくまれる。**

▶**細胞分裂が行われる部分**

・植物…特定の部分で起こる。

　根と茎(先端に近い部分で細胞分裂→細胞が大きくなる→根と茎が長くなる)

　双子葉類の茎(茎の外側に近い，維管束を結ぶ部分とその周辺で細胞分裂→茎が太くなる)

・動物…起こる部分は限られている。

　ヒトの骨髄(血液の細胞が細胞分裂によってつくられる)

　皮膚の表面近くの部分(上皮組織)

● 細胞の変化と成長

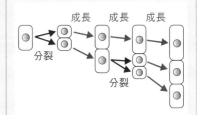

● 細胞分裂の過程

 細胞の核の中では，分裂の準備が行われている。細くて長い染色体のそれぞれが複製され，同じものが2本ずつできる。

 染色体は，2本ずつがくっついたまま太く短くなって，それぞれが，ひものように見えるようになる。

 染色体が細胞の中央付近に集まり，並ぶ。

 2本の染色体がさけるように分かれて，それぞれが細胞の両端（両極）に移動する。

 2個の核の形ができる。染色体は細く長くなり，やがて見えなくなる。

 細胞質が2つに分かれ，2個の細胞ができる。

単元2 生命の連続性

---

 教科書 p.79

**比べよう**

教科書79ページの図3の④～①を比べて，各部分で観察される細胞について，次のことを中心に話し合ってみよう。

①細胞の大きさには，どのようなちがいがあるか。

②核の形には，どのようなちがいがあるか。

● 解答(例)

①細胞の大きさは，①の細胞が最も小さく，⑥→⑧→④の順に大きくなっている。

②核の形は，④，⑧の細胞ではほぼ円形になっているが，⑥の細胞では少しくずれた形になり，①の細胞では，円形のものもあれば，ひものようなもの(染色体)が見えているものもある。

教科書 p.80〜p.81

### 観察1
体細胞分裂の観察

◎ 観察のアドバイス

・塩酸や染色液が皮膚にふれたら，直ちに多量の水で洗い流す。

・プレパラートのつくり方

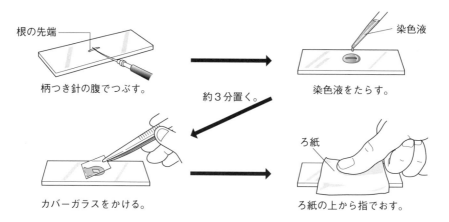

根の先端

柄つき針の腹でつぶす。

約3分置く。

染色液

染色液をたらす。

ろ紙

カバーガラスをかける。

ろ紙の上から指でおす。

　実験をする3日ぐらい前に，タマネギの種子を，吸水させたろ紙か脱脂綿の上にまき，発芽させておく。発芽したばかりの根は，細胞分裂のようすを観察するのに適している。

　塩酸処理には，3％ぐらいのうすい塩酸を使う。**塩酸処理をすると，ひとつひとつの細胞がはなれやすくなって観察しやすい**が，長時間あたためたり，塩酸の濃度がこすぎたりすると，細胞全体が破壊されてしまう。

　ろ紙をかぶせて根をおしつぶすとき，力を入れすぎるとカバーガラスが割れるので注意する。何回かに分けて，軽く力を入れるとよい。また，細胞がこわれてしまわないよう，真上からおしつぶすこと。ずらしたり，ねじったりしないようにする。

　初めは低倍率で観察すると，いろいろな細胞分裂の段階が一度に観察できる。

● 結果（例）

　**染色体が見えるようになった細胞，染色体が2つに分かれた細胞，分かれた染色体が両端に移動した細胞，2個の核ができて2つに分裂した細胞などが見られた。**

◎ 考察のポイント

●観察した㋐〜㋕のような細胞を，細胞分裂の順に並べよう。

　教科書82ページの図1を参考に，観察した細胞を，細胞分裂の順に並べてみると

　㋒→㋓→㋕→㋐→㋑→㋔　となる。

　　㋒…分裂前の細胞。

　　㋓…染色体がひものように見えている。

　　㋕…染色体が細胞の中央付近に集まり，並んでいる。

　　㋐…染色体が2つに分かれて，それぞれが細胞の両端（両極）に移動している。

　　㋑…2個の核の形ができている。

　　㋔…細胞質が2つに分かれ，2個の細胞ができている。

教科書 p.83

**活用　学びをいかして考えよう**

教科書83ページの図4の植物と動物の細胞分裂を比べて，共通する点や異なる点をさがしてみよう。

● **解答（例）**

＜共通する点＞

・細胞分裂が始まると，染色体が見えるようになるところ。

・染色体が2つに分かれ，それぞれが細胞の両端に移動して分裂しているところ。

＜異なる点＞

・染色体が細胞の両端に移動した後，植物の細胞ではしきりができて2個の細胞に分裂するのに対し，動物の細胞ではくびれができて2個の細胞に分裂しているところ。

# 第2節　無性生殖

## 要点のまとめ

▶**生殖**　生物が新しい個体（子）をつくること。
▶**無性生殖**　受精を行わずに子をつくる生殖。アメーバやミカヅキモ，ゾウリムシなどの単細胞生物は，からだが2つに分かれてふえる。
・植物の無性生殖…サツマイモやタケなどは，からだの一部から新しい個体をつくる無性生殖（栄養生殖）を行う。
・動物の無性生殖…イソギンチャクなどが無性生殖でふえる。

オランダイチゴやタケなどの植物も無性生殖（栄養生殖）によってふえるよ。

 教科書 p.85

**活用　学びをいかして考えよう**

ふだん食べている野菜など身のまわりの植物のなかで，栄養生殖によってふえるものは，ほかにどのようなものがあるだろうか。調べてみよう。

● **解答（例）**

ジャガイモ，バナナ，ニンニク　など

# 第3節 有性生殖

## 要点のまとめ

▶**有性生殖** 受精によって子をつくる生殖。

　有性生殖を行う生物では，生殖のための特別な細胞である2種類の生殖細胞がつくられる。この2種類の生殖細胞が結合し，それぞれの核が合体して1個の細胞となることを**受精**，受精によってつくられる新しい細胞を**受精卵**という。

・被子植物の生殖細胞…**卵細胞**と**精細胞**

・動物の生殖細胞…**卵**と**精子**

▶**被子植物の有性生殖**

①受粉から受精へ

　花粉がめしべの柱頭につく（受粉）

→**花粉管**が胚珠へとのびていく

→花粉管が胚珠に達すると，花粉管の中の**精細胞**と，胚珠の中の**卵細胞**が**受精**

→**受精卵**ができる

②受精から個体へ

　受精卵が，胚珠の中で細胞分裂をくり返し，**胚**になる

→胚が成長し，植物のつくりとはたらきを完成していく（**発生**）

→胚珠は発達して，種子になる

　（胚は，将来，植物のからだになるつくりを備えている）

▶**動物の有性生殖**

①受精

　卵と精子が受精して，受精卵ができる。

②発生

　受精卵が，細胞分裂によって細胞の数をふやし，成長する。動物では，受精卵が細胞分裂を始めてから，自分で食物をとることのできる個体になる前までを**胚**とよぶ。

### ●被子植物の受精と発生

めしべの柱頭についた花粉から，花粉管が胚珠へのびていき，胚珠に達する。

花粉管の中の精細胞と，胚珠の中の卵細胞が受精して，受精卵ができる。

受精卵が，胚珠の中で細胞分裂をくり返して成長する。

受精卵が胚になる。胚珠が成長して，種子になる。

種子が発芽する。

### ●動物の受精と発生

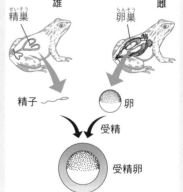

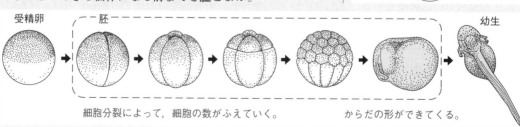

細胞分裂によって，細胞の数がふえていく。　からだの形ができてくる。

教科書 p.87

**観察2**
花粉管の伸長

○ **実験のアドバイス**

・寒天を用いるのは，めしべの柱頭の細胞と似た（水分と糖分をふくむ）状態をつくるためである。寒天が乾燥してしまうと，花粉に変化が起こらない。

・花粉は重ならず，よく広がるように散布する。

・顕微鏡で観察しないときは，寒天が乾燥しないように，水を張ったペトリ皿の中にプレパラートを入れ，ふたをしておく。

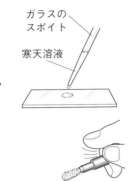

寒天溶液をスライドガラスにたらして，固まるまで待つ。

花粉を筆の先につけて散布する。

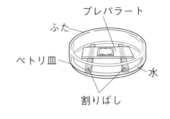

カバーガラスをかける。

○ **結果の見方**

●**花粉はどのように変化したか。**

・ホウセンカの花粉は，受粉後，2～3分で花粉管をのばし始めた。

・花粉管がのびるようすは，次の図のようになった。

寒天が乾燥しないように注意！

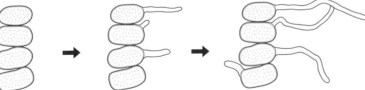

5分後　　　　　　　10分後

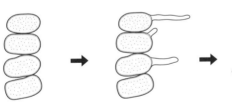

○ **解説**

・ホウセンカの花粉管は，気温25℃ぐらいのときによくのびる。

・被子植物が受精するためには，柱頭についた花粉の中の精細胞を，胚珠の中の卵細胞まで送り届けなければならない。花粉から花粉管がのびることで，精細胞を卵細胞まで送り届けることができる。

 教科書 p.89

**活用　学びをいかして考えよう**
被子植物は「受粉しても受精せず種子ができない」ことがある。なぜこのようなことが起こるのか，考えよう。

● 解答（例）

・受粉した後，花粉から花粉管がのびなかったため。

・おしべから出た花粉が，別の植物の花のめしべに受粉したため。

◯ 解説

　花粉がめしべの柱頭についた後，花粉から胚珠へと花粉管がのび，花粉管の中の精細胞と，胚珠の中の卵細胞が受精し，受精卵ができる。

# 第4節　染色体の受けつがれ方

## 要点のまとめ

▶減数分裂　有性生殖で生殖細胞がつくられるときに行われる，**染色体の数が半分になる**特別な細胞分裂。

　卵と精子が受精することにより，受精卵の染色体の数は，減数分裂前の細胞と同じになる。

▶有性生殖と無性生殖の特徴　有性生殖では，子の細胞は両方の親から半数ずつ染色体を受けつぐので，子の形質は，**両方の親の遺伝子によって決まる**。

　無性生殖では，受精を行わずに子ができるので，子は親の**染色体をそのまま受けつぎ**，子の形質は，**親の形質と同じ**ものとなる。

▶**クローン**　無性生殖における親と子のように，起源が同じで，同一の遺伝子をもつ個体の集団。

● 有性生殖

● 無性生殖

ジャガイモのように，有性生殖と無性生殖の両方を行って子孫をふやす生物もいるよ。

### 教科書 p.91

**モデルを使って考えよう**

減数分裂によって生殖細胞がつくられるとき，染色体の数はどうなるのだろうか。教科書91ページの左の「科学のミカタ」を参考にして，減数分裂と受精を模式的に示した右図の空欄（生殖細胞）に，染色体をかき入れてみよう。ただし，からだをつくる細胞の染色体の数が4本（2対）である場合について考えることにする。

「右の図の考え方だと子の細胞の染色体の数は親よりも多くなるね。」

「親と子の染色体の数はいっしょのはずでしょ？」

「ということは，生殖細胞の染色体の数は……。」

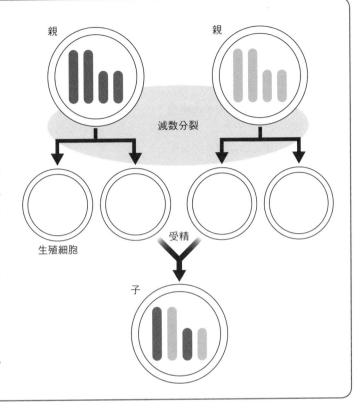

**解答（例）**

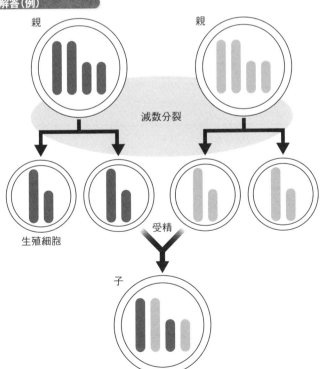

○ 解説

　減数分裂によってできる生殖細胞の染色体の数は，減数分裂の前の半分になる。よって，親の生殖細胞が受精してできる受精卵の染色体の数は，減数分裂の前の細胞と同じになる。

 **教科書 p.93**

**活用　学びをいかして考えよう**

「染色体の受けつがれ方」という観点で次の問いを考えよう。

①イチゴの新しい品種を開発するときに，有性生殖を利用するのはなぜだろうか。

②おいしい品種として開発された「とちおとめ」をその後生産するときに，無性生殖を利用してふやすのはなぜだろうか。

● 解答（例）

①無性生殖では子は親の染色体をそのまま受けつぎ，子の形質は親と同じものになるので，新しい形質の子をつくるために，両方の親から半数ずつ染色体を受けつぐ有性生殖を利用する。

②「とちおとめ」と異なる形質のイチゴができないように，子が親の染色体をそのまま受けつぐ無性生殖を利用する。

 **教科書 p.94**　　**章末　学んだことをチェックしよう**

❶ 生物の成長と細胞の変化

　1個の細胞が2つに分かれて2個の細胞になることを（　　）という。

● 解答（例）

**細胞分裂**

❷ 無性生殖

　無性生殖は，（　　）によって細胞の数がふえ，新しい個体がつくられる生殖である。

● 解答（例）

**体細胞分裂**

○ 解説

無性生殖は，受精を行わない生殖である。

❸ 有性生殖

　有性生殖は，（　　）が受精することによって子がつくられる生殖である。

**解答（例）**

せいしょくさいぼう
生殖細胞

**解説**

無性生殖に対して，有性生殖は，受精によって子をつくる生殖である。

❹ **染色体の受けつがれ方**

　生殖細胞がつくられるときには，（　　　）という特別な細胞分裂が行われる。

 **解答（例）**

げんすうぶんれつ
減数分裂

**解説**

減数分裂は，有性生殖で生殖細胞がつくられるときに行われる細胞分裂である。

---

 教科書 p.94　　**章末　学んだことをつなげよう**

　親のメダカから子がうまれ，その子が成体になるまでの過程を，「有性生殖」「減数分裂」「体細胞分裂」「発生」という言葉を使って説明しよう。

 **解答（例）**

　メダカは有性生殖で子をつくり，雌のメダカが卵を，雄のメダカが精子をつくるときに減数分裂が行われ，生殖細胞（卵や精子）の染色体の数は，減数分裂前の半分になる。これらが受精してできる受精卵の染色体の数は，減数分裂前の細胞と同じになる。受精卵は，体細胞分裂をくり返して発生が進む。ふ化した後は自分でえさをとるようになり，体細胞分裂をくり返してからだが大きくなり，やがて成体となる。

 教科書 p.94

**Before & After**
　動物や植物が成長するときや，子を残すとき，細胞にどのような変化が起こっているのだろうか。

 **解答（例）**

・成長するときは，細胞分裂によって細胞の数がふえ，それぞれの細胞が大きくなる。
・子を残すときは，有性生殖では，減数分裂によって，子は両方の親の染色体を半数ずつ受けつぐ。また，無性生殖では，体細胞分裂によって，子は親の染色体をそのまま受けつぐ。

教科書 p.77 ~ p.94

# 定期テスト対策 第1章 生物の成長と生殖

解答 p.205

/100

1 次の問いに答えなさい。

①1個の細胞が2つに分かれて2個の細胞になることを何というか。

②①のとき，核の中に見えるひものようなものを何というか。

③生物の形や性質などを何というか。また，それらを決めるものが②の中にあるが，これを何というか。

④生物のからだをつくる細胞が分裂することを，特に何というか。

⑤多細胞生物の成長と①の関係を，簡単に説明しなさい。

⑥生物が新しい個体(子)をつくることを何というか。

⑦受精を行わない⑥を何というか。

⑧受精を行う⑥を何というか。

⑨⑧を行う生物がつくる，⑥のための特別な細胞を何というか。

⑩受精によってつくられる新しい細胞を何というか。

⑪被子植物の花粉がめしべの柱頭についた後，胚珠に向かってのびていく管を何というか。

⑫受精卵は，細胞分裂をくり返すと何になるか。

⑬受精卵が⑫になり，個体としてのからだのつくりが完成していく過程を何というか。

⑭⑨がつくられるときに起こる，特別な細胞分裂を何というか。

⑮⑦における親と子は，形質にどのような特徴があるか。理由とともに答えなさい。

2 タマネギの根の細胞分裂について，顕微鏡で観察を行う。次の問いに答えなさい。

①タマネギの根をスライドガラスにのせる前に，あたためた塩酸に入れる理由を答えなさい。

②染色液をたらしてつくったプレパラートにろ紙をかぶせた後に行う操作を答えなさい。また，その操作を行う理由も答えなさい。

1 計72点

| ① | 4点 |
| ② | 4点 |
| ③ | 4点 |
| | 4点 |
| ④ | 4点 |
| ⑤ | 8点 |
| ⑥ | 4点 |
| ⑦ | 4点 |
| ⑧ | 4点 |
| ⑨ | 4点 |
| ⑩ | 4点 |
| ⑪ | 4点 |
| ⑫ | 4点 |
| ⑬ | 4点 |
| ⑭ | 4点 |
| ⑮ | 8点 |

2 計28点

| ① | 10点 |
| ② | 8点 |
| 理由 | 10点 |

60

第2章 **遺伝の規則性と遺伝子**

第1節 **遺伝の規則性**

## 要点のまとめ

▶**遺伝** 親の形質が子や孫に伝わること。細胞内の染色体にある**遺伝子**が，親の**生殖細胞**によって，子の細胞に受けつがれることで起こる。

▶**自家受粉** おしべの花粉が，同じ個体のめしべについて受粉すること。

▶**純系** 親，子，孫と何世代も代を重ねても，その形質が全て親と同じである場合，それらを**純系**という。

▶**対立形質** エンドウの種子の丸形としわ形のように，同時に現れないたがいに対をなす形質。

▶**メンデルの実験** 19世紀に，オーストリアのメンデルは，エンドウの対立形質に注目して，遺伝の規則性を調べる交配（かけ合わせ）実験をした。

・実験①

　「丸形の種子をつくる，純系のエンドウ」

　「しわ形の種子をつくる，純系のエンドウ」

　これらをかけ合わせてできた種子は，全て丸形になった。

・実験②

　実験①で得られた，丸形の種子を育てて，自家受粉させた
→丸形としわ形の両方の種子ができた。

▶**分離の法則** 対になって存在する遺伝子が，減数分裂のときに分かれて，別々の生殖細胞に入ること。

（例）エンドウの，丸形の純系の遺伝子と，しわ形の純系の遺伝子。

▶**顕性形質（優性形質）と潜性形質（劣性形質）**

　対立形質の純系どうしを交配したとき，子に現れる形質を**顕性形質**，子に現れない形質を**潜性形質**という。

（例）エンドウの種子では，丸形が顕性形質，しわ形が潜性形質。

●**分離の法則**

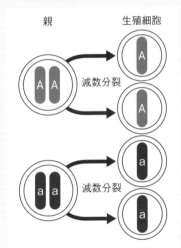

## ▶メンデルの実験における遺伝のしくみ

エンドウの種子の形を決める遺伝子を，**丸形はA，しわ形はaで表す**と，

　　丸形の純系の遺伝子　：ＡＡ

　　しわ形の純系の遺伝子：ａａ

と表すことができる。

　実験①の前に準備したエンドウ(親)は，全て純系である。したがって，遺伝子はＡＡ，ａａのいずれかになっている。

・実験①(子の世代をつくる)

　丸形の純系としわ形の純系がつくる生殖細胞の遺伝子は，分離の法則によって，

　　　丸形のＡＡ　　→　　ＡとＡ

　　　しわ形のａａ　→　　ａとａ

に分かれる。この交配によって，子の遺伝子の組み合わせは全てＡａとなる。

　この受精卵(じゅせいらん)が種子になると，遺伝子Ａが伝える形質しか現れず，全て丸形になる。

・実験②(孫の世代をつくる)

　遺伝子の組み合わせがＡａのエンドウを自家受粉させると，生殖細胞の遺伝子は，

　　　Ａａ　→　　Ａとａ

に分かれる。この交配によって，孫の遺伝子の組み合わせは，次のようになる。

| | A | a |
|---|---|---|
| A | AA | Aa |
| a | Aa | aa |

　　ＡＡ：Ａａ：ａａ＝１：２：１

　　ＡＡとＡａは丸形，ａａはしわ形になるので，

　　　**丸形：しわ形＝３：１**

となる。

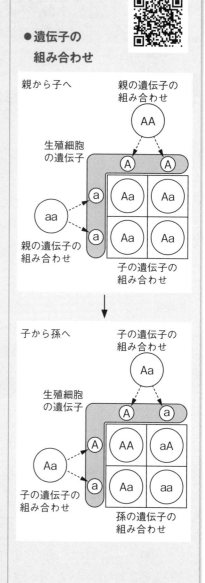

●遺伝子の
　組み合わせ

親から子へ　　　　　　親の遺伝子の
　　　　　　　　　　　組み合わせ
　　　　　　　　　　　　　ＡＡ

生殖細胞
の遺伝子　　　　　　Ａ　　　Ａ

　　　　　　　ａ　　Ａａ　　Ａａ
　ａａ
　　　　　　　ａ　　Ａａ　　Ａａ
親の遺伝子の
組み合わせ　　　　　　子の遺伝子の
　　　　　　　　　　　組み合わせ

子から孫へ　　　　　　子の遺伝子の
　　　　　　　　　　　組み合わせ
　　　　　　　　　　　　　Ａａ

生殖細胞
の遺伝子　　　　　　Ａ　　　ａ

　　　　　　Ａ　　ＡＡ　　ａＡ
　Ａａ
　　　　　　ａ　　Ａａ　　ａａ
子の遺伝子の
組み合わせ　　　　　　孫の遺伝子の
　　　　　　　　　　　組み合わせ

教科書 p.101

**実習1**

遺伝子の組み合わせ

● **結果（例）**

※クラス全体を15グループに分け，1グループにつき50回行った場合の例

各グループの記録用紙の例（グループ1）

| 回 ＼ 遺伝子の組み合わせ | ＡＡ | Ａａ | ａａ |
|---|---|---|---|
| 1 | ○ | | |
| 2 | | ○ | |
| 合計 | 12 | 25 | 13 |

クラス全体の結果の例（全グループの合計）

| グループ ＼ 遺伝子の組み合わせ | ＡＡ | Ａａ | ａａ |
|---|---|---|---|
| 1 | 12 | 25 | 13 |
| 2 | 13 | 22 | 15 |
| 合計 | 184 | 369 | 197 |

◎ **結果の見方**

●孫の代に，遺伝子の3種類の組み合わせが出現する数をそれぞれ求める。

グループ1…ＡＡ：Ａａ：ａａ＝12：25：13

クラス全体…ＡＡ：Ａａ：ａａ＝184：369：197

したがって，ＡＡ：Ａａ：ａａの割合が，およそ1：2：1になっている。

◎ **考察のポイント**

●丸形としわ形が現れる回数の比は，どのようになるだろうか。

Ａが顕性形質に対応する遺伝子なので，Ａａは丸形となる。したがって，丸形としわ形が現れる割合は，グループ1では丸形：しわ形＝37：13となる。クラス全体では，丸形：しわ形＝553：197となる。これらは，丸形：しわ形がおよそ3：1の割合になっていることを示す。このことから，孫では，丸形としわ形は，およそ3：1の比で現れることがわかった。

◎ **解説**

子の遺伝子の組み合わせは，全てＡａなので，減数分裂のときに現れる生殖細胞の遺伝子はＡまたはａで，どちらも同じ数だけ現れる。この実習では，2人が1グループになり，1人が精細胞の遺伝子，もう1人が卵細胞の遺伝子をカードで出し，その組み合わせを調べている。メンデルが行った実験では，丸形の種子が5474個，しわ形の種子が1850個できている。丸形としわ形の比がおよそ3：1になり，この実習とほぼ一致している。

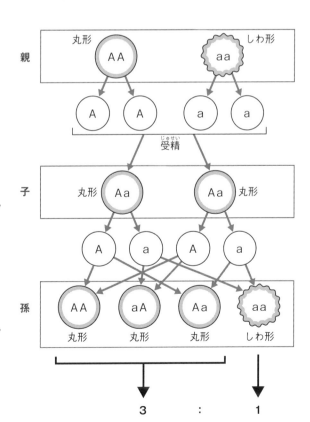

教科書 p.103

**活用　学びをいかして考えよう**

教科書96ページの図1のハムスターの毛色の遺伝では，どちらの形質が顕性形質だろうか。また，親から子，子から孫の遺伝子の組み合わせはどのようになったと考えられるか。記号(アルファベット)を使って説明しよう。

● **解答(例)**

顕性形質…茶の毛色

毛色を茶にする遺伝子をB，黒にする遺伝子をbとすると，

親…BB，bb

子…Bb

孫…BB，Bb，bb

○ **解説**

子の毛色は全て茶であったことから，茶の毛色が顕性形質である。

孫の個体の数の比は，茶の毛色：黒の毛色＝3：1と考えられる。

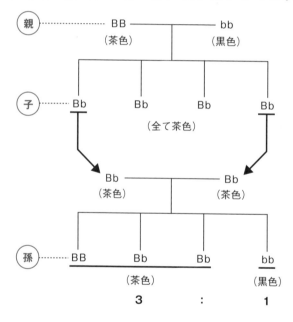

# 第2節 遺伝子の本体

## 要点のまとめ

▶ **DNA（デオキシリボ核酸）** 遺伝子の本体で，染色体にふくまれる物質。

▶ **遺伝子の変化** 遺伝子は，親から子へと受けつがれていくが，**遺伝子に変化が起きて形質が変化する**ことがある。

DNA は deoxyribonucleic acid の略称だよ。

---

📖 教科書 p.105

**活用 学びをいかして考えよう**

数百万年や，数千万年といった長い時間のなかで，世代が進むにつれ，何度も遺伝子に変化が起きて形質が変わっていくとどのようなことが起こるだろうか。推測しよう。

 **解答（例）**

今までになかった新しい形質が現れ，多様な生物が現れる。

---

📖 教科書 p.108　**章末　学んだことをチェックしよう**

**❶ 遺伝の規則性**

1. 生殖細胞がつくられるとき，対になっている遺伝子が分かれ，別々の生殖細胞に入る。これを何の法則というか。

2. エンドウの種子には，丸形としわ形があり，1つの種子にはどちらかの形質しか現れない。この丸形としわ形のように，対になっている形質を何というか。

 **解答（例）**

1. **分離の法則**

2. **対立形質**

**❷ 遺伝子の本体**

　遺伝子の本体は，何という物質か。

 **解答（例）**

DNA（デオキシリボ核酸）

❸ 遺伝子やDNAに関する研究成果の活用

遺伝子やDNAをあつかう技術を活用した例を1つあげなさい。

● 解答（例）

遺伝子組換え技術の利用による作物の品種改良，製薬への応用，など。

 教科書 p.108　　章末　学んだことをつなげよう

教科書108ページの右の写真の「四角いスイカ」は，果実ができ始めた後に，強化プラスチックの型枠にはめて育てることでつくられる。しかし，このスイカの種子をまいて育てると，「四角いスイカ」はできず，「まるいスイカ」ができる。

一方，遺伝子組換え技術による品種改良でつくられた，「日もちのよいトマト」の種子をまいて育てると，ほとんどの株からは「日もちのよいトマト」ができる。

両者でこのようなちがいが出た理由を，「遺伝子」と「形質」という用語を使って説明してみよう。

● 解答（例）

「四角いスイカ」は，何もしなければ「まるいスイカ」になるものを，強化プラスチックの型枠にはめて育ててつくったものなので，スイカの四角い形は，遺伝子による形質ではない。このため，「四角いスイカ」の種子をまいて育てても，「四角いスイカ」はできず，「まるいスイカ」ができる。

一方，遺伝子組換え技術による品種改良でできた「日もちのよいトマト」の日もちのよさは，遺伝子による形質である。このため，「日もちのよいトマト」の種子をまいて育てると，いくつかの株はその遺伝子を受けつぎ，「日もちのよいトマト」ができる。

 教科書 p.108

**Before & After**

遺伝子とは何だろうか。

● 解答（例）

染色体にふくまれる，DNA（デオキシリボ核酸）という物質で，生物の形質を決めるもととなるものである。親の生殖細胞によって，子に遺伝子が受けつがれる。

# 定期テスト対策　第2章　遺伝の規則性と遺伝子

解答　p.205

/100

**1** 次の問いに答えなさい。

①親の形質が子や孫に伝わることを何というか。

②染色体の中にある遺伝子の本体を何というか。

③19世紀のオーストリアで，エンドウを用いて遺伝の規則性を調べる実験を行った，遺伝学の父といわれる人物の名前を答えなさい。

④親，子，孫と何世代も自家受粉をくり返しても，その形質が全て親と同じである場合，これらを何というか。

⑤減数分裂のとき，対になっている遺伝子は分かれて別々の生殖細胞に入る。これを何の法則というか。

⑥対立形質のそれぞれについての純系を交配したとき，子に現れる形質，子に現れない形質をそれぞれ何というか。

**1**　計35点

| | |
|---|---|
| ① | 5点 |
| ② | 5点 |
| ③ | 5点 |
| ④ | 5点 |
| ⑤ | 5点 |
| ⑥ | 5点 |
| | 5点 |

**2** しわ形の種子をつくる純系のエンドウの花粉を，丸形の種子をつくる純系のエンドウの花に受粉させた。こうしてできた種子(子にあたる個体)は，全て丸形になった。この種子を育てて自家受粉させると，できた種子(孫にあたる個体)には丸形としわ形の両方が現れた。ここで，エンドウの種子の形を決める遺伝子を，丸形はA，しわ形はaで表すことにする。

①エンドウは，自然状態では自家受粉する。自家受粉とはどのような受粉か，説明しなさい。

②エンドウの種子の丸形としわ形のように，どちらか一方しか現れない対をなす形質を何というか。

③しわ形の純系，丸形の純系，子にあたる個体の遺伝子の組み合わせは，それぞれどのように表されるか。

④顕性形質は丸形，しわ形のどちらか。

⑤孫にあたる個体が800個できたとすると，このうち，しわ形の種子はおよそ何個ふくまれていると考えられるか。

**2**　計65点

| | |
|---|---|
| ① | 10点 |
| ② | 5点 |
| ③ | 10点 |
| | 10点 |
| | 10点 |
| ④ | 10点 |
| ⑤ | 10点 |

# 第3章 生物の多様性と進化

## これまでに学んだこと

▶**示相化石と示準化石**（中1）　過去に生きていた生物の死がいなどを**化石**という。

・示相化石…地層が堆積した**当時の環境がわかる化石**。**限られた環境にしかすめない生物**が手がかりになる。

・示準化石…地層が堆積した**年代がわかる化石**。**広い範囲にすんでいて，ある時期にだけ栄えた生物**が手がかりになる。地層が堆積した年代（地質年代）は，生物の移り変わりをもとに決められ，古い方から，古生代，中生代，新生代に分けられる。

▶**セキツイ動物**（中1）　背骨のある動物であるセキツイ動物は，からだのつくりとはたらきなどから，魚類，両生類，ハチュウ類，鳥類，ホニュウ類という5つのグループに分けることができる。

● **セキツイ動物の分類**

| セキツイ動物（背骨がある） | | | | | |
|---|---|---|---|---|---|
| 魚類 | 両生類 | ハチュウ類 | 鳥類 | ホニュウ類 | |
| 水中 | （幼生） | 陸上 | | | 生活場所 |
| | （成体） | | | | |
| ひれ | （幼生） | あし | | | 移動のためのからだのつくり |
| | （成体） | | | | |
| えら | （幼生） | 肺 | | | 呼吸のためのからだのつくり |
| | （成体） | | | | |
| 卵生（殻がない） | | 卵生（殻がある） | | 胎生 | 子のうまれ方 |
| うろこ | しめった皮膚 | うろこ | 羽毛 | 毛 | 体表 |

## 第1節 生物の歴史

## 要点のまとめ ✏

▶**セキツイ動物の出現**　示準化石から地質年代が推測でき，示相化石から生息していた環境が推測できる。

　化石の地層から，約5億年前，**魚類が地球上に最初に現れたセキツイ動物**であり，その後，両生類，ハチュウ類，ホニュウ類，鳥類が現れたと考えられている。

▶**セキツイ動物の特徴の比較**　魚類は水中で生活するのに適したからだの特徴をもち，両生類は水中と陸上の生活の中間の特徴をもつ。また，ハチュウ類，鳥類，ホニュウ類は陸上で生活するのに適した特徴をもつ。

▶**進化**　生物のからだの特徴が，長い年月をかけて代を重ねる間に変化すること。

セキツイ動物の5つのグループのそれぞれの特徴は覚えているかな？

教科書 p.112

**分析解釈　考察しよう**

①教科書112ページの右の図で，あてはまる □ に色をぬろう。

②色をぬった表から，生活場所の変化と，移動のための器官や呼吸器官の変化との関係を考えよう。

● **解答（例）**

①

| 現在 | | 魚類 | 両生類 | ハチュウ類 | 鳥類 | ホニュウ類 |
|---|---|---|---|---|---|---|
| 移動のための器官 | ひれ | ひれ | ひれ | | | |
| | あし | | あし | あし | あし | あし |
| 呼吸器官 | えら | ■えら | ■えら | | | |
| | 肺 | | 肺 | 肺 | 肺 | 肺 |
| 子のうまれ方 | 卵生（殻なし） | 卵 | 卵 | | | |
| | 卵生（殻あり） | | | 卵 | 卵 | |
| | 胎生 | | | | | 胎生 |
| 生活場所 | 水中 | ■水中 | ■水中 | | | |
| | 陸上 | | 陸上 | 陸上 | 陸上 | 陸上 |

②魚類と両生類の幼生は水中生活で移動するためのひれをもち，主にえらで呼吸する。両生類の成体は陸上で生活するためのあしがあり，皮膚と肺で呼吸するので，水中と陸上の生活の中間的特徴をもつ。ハチュウ類，鳥類，ホニュウ類は陸上で生活するためのあしをもち，肺で呼吸する。

・生活場所…水中から陸上へ

・進化における変化

　呼吸器官…えらから肺へ

　移動のための器官…ひれからあしへ

　卵…殻がないものから，殻があるものへ

○ **解説**

・水中生活から陸上生活へ

　えら呼吸をする魚類が進化して，水の少ないところでも呼吸ができるように肺ができ，ひれがあしへと変化して，陸上へ移動したのが両生類である。

・より乾燥した陸上へ

　両生類は卵を水中にうみ，幼生は水中で成長するので，陸上生活に完全には適応していなかった。そのなかから，陸上に内部の乾燥を防ぐ殻のある卵をうみ，じょうぶな骨格と皮膚をもつハチュウ類が現れ，陸上に適応したかたちになった。

教科書 p.113

**活用　学びをいかして考えよう**

次の変化の例で、「進化」とよべないものはどれだろうか。

①チョウが幼虫から成虫になる。

②ヒトの身長が成長にともないのびる。

③遺伝子操作によって青色のバラができる。

● **解答（例）**

①、②、③

● **解説**

　進化とは、長い年月をかけて代を重ねる間に変化することである。一世代の間で起こる成長や変態（成長によってからだの形や生活のしかたが大きく変化すること）と進化は異なるものなので、全て進化とはいえない。

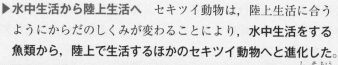

## 第2節　水中から陸上へ

## 要点のまとめ

▶**水中生活から陸上生活へ**　セキツイ動物は、陸上生活に合うようにからだのしくみが変わることにより、**水中生活をする魚類から、陸上で生活するほかのセキツイ動物へと進化した。**

▶**進化の証拠**　化石で発見されるユーステノプテロンや始祖鳥、現存するハイギョなどはセキツイ動物の2つのグループにまたがる特徴をもつ。

・約4億年前〜約3億6000万年前の地層から発見される化石に、肺をもつ魚類であるユーステノプテロンやハイギョ、原始的な両生類の特徴をもつイクチオステガがある。

・**始祖鳥**…約1億5000万年前の地層から、化石が発見された。前あしが鳥のつばさのようになっており、羽毛がある（鳥類の特徴）。また、つばさの中ほどに3本のつめがあり、口には歯がある（ハチュウ類の特徴）。

始祖鳥が存在したことから、鳥類は、ハチュウ類から進化してきたと推測されるんだよ。

**教科書 p.115**

**活用　学びをいかして考えよう**

おたまじゃくしが成長し，主に陸上で生活するようになることは，進化といえるのだろうか。説明しよう。

**● 解答（例）**

いえない。

**◎ 解説**

　進化とは，長い年月をかけて代を重ねる間に変化することである。成長と進化は異なるものなので，進化ではない。

## 第**3**節　さまざまな進化の証拠

### 要点のまとめ

▶**相同器官**　現在の形やはたらきは異なっていても，もとは同じ器官であったと考えられるもの(ホニュウ類の前あしなど)。

　また，かつては機能をもっていたものが現在は使われていない例もある。例えば，クジラには，陸上で生活していたホニュウ類から進化したと考えられる，後ろあしの痕跡を示す骨がある。

コウモリ，クジラ，ヒトの前あしのはたらきは異なっているけれど，骨格の基本的なつくりは共通しているね。

 **教科書 p.117**

**活用　学びをいかして考えよう**

教科書117ページの右の写真は，ヒトの骨格の一部を背側から見たものである。矢印で示した骨から，どのようなことが考えられるだろうか。

**● 解答（例）**

ヒトにもしっぽ(尾)があったと考えられる。

**◎ 解説**

　矢印の部分は尾骨(尾てい骨)といわれる骨で，クジラに残っている後ろあしの痕跡を示す骨と同じように，しっぽ(尾)があったなごりと考えられる。

第**4**節 進化と多様性

 教科書 p.119

**活用 学びをいかして考えよう**

この後，さらに長い年月を経ると，地球上の生物の多様性はどのようになっていくと考えられるだろうか。

● 解答（例）

現在生息している環境が変化していくと，その変化した新しい環境に適応できる生物がふえていく一方，適応できない生物が減っていくので，多様性は大きくなっていくと考えられる。

教科書 p.121　　　章末　学んだことをチェックしよう

❶ 生物の歴史

生物のからだの特徴が，長い年月をかけて代を重ねる間に変化することを（　　）という。

● 解答（例）

進化（しんか）

❷ 水中から陸上へ

始祖鳥（しそちょう）がもつ鳥類，ハチュウ類の特徴には，それぞれどのようなものがあるか。

● 解答（例）

鳥類の特徴…つばさや，羽毛がある。

ハチュウ類の特徴…つめや，口に歯がある。

❸ さまざまな進化の証拠

現在の形やはたらきは異なっていても，もとは同じ器官であったと考えられるものを（　　）という。

● 解答（例）

相同器官（そうどうきかん）

**教科書 p.121**　　　章末　学んだことをつなげよう

単元
**2**

生命の連続性

セキツイ動物は，長い年月の間に特徴が段階的に変化してきた。ホニュウ類についても，その特徴のいくつかを比べてみると，変化していることを学んだ。「イルカとマグロ」，「コウモリとハト」，「ヒトとトカゲ」について，共通する点と異なる点を，「移動のための器官」と「呼吸器官と呼吸のしかた」という観点から調べてみよう。

● 解答（例）

・イルカとマグロ…移動のための器官はどちらもひれで，水中で生活している。
　　　　　　　　　イルカの呼吸器官は肺で，水から頭を出して呼吸をするが，マグロの呼吸器官はえらで，水中で呼吸する。
・コウモリとハト…移動のための器官はどちらもつばさであるが，コウモリは飛膜とよばれる膜でできたつばさであり，ハトは羽毛でおおわれたつばさである。呼吸器官はどちらも肺である。
・ヒトとトカゲ……移動のための器官はどちらもあしで，陸上で生活しているが，人のあしは2本，トカゲのあしは4本である。
　　　　　　　　　呼吸器官はどちらも肺である。

○ 解説

　イルカ，コウモリ，ヒトはホニュウ類で，子のうまれ方は胎生である。イルカは魚類であるマグロのように水中で生活し，子も水中でうまれる（マグロは水中に卵をうむ）。コウモリは鳥類であるハトのように空を飛ぶことができる。コウモリはからだが毛でおおわれ胎生であるが，ハトはからだが羽毛でおおわれ卵生である。ハチュウ類であるトカゲは，陸上に弾力のある殻をもつ卵をうむ。

 **教科書 p.121**

**Before & After**
進化とは何だろうか。

● 解答（例）
　生物が長い年月をかけて代を重ねる間に，環境などから何らかの影響を受けて変化することである。

# 定期テスト対策 | 第3章 | 生物の多様性と進化

解答 p.206

/100

**1** 次の問いに答えなさい。

①生物が，長い年月をかけて代を重ねる間に変化することを何というか。

②現在の見かけの形やはたらきは異なっているが，もとは同じ器官であったと考えられるものを何というか。

| 1 | 計14点 |
|---|---|
| ① | 7点 |
| ② | 7点 |

**2** 次の □ に当てはまる言葉を，後の**ア〜ケ**からそれぞれ選び，記号で答えなさい。

過去の生物については，発見される ① からその特徴を知ることができる。セキツイ動物の5つのグループのなかで，地球上に最初に現れたのは ② で，その次に現れたのは②が変化した ③ であると考えられている。セキツイ動物は ④ から ⑤ での生活に合うようにからだのしくみが変わることにより，②からほかのグループに進化した。

**ア** 化石 **イ** 地層 **ウ** ホニュウ類
**エ** 鳥類 **オ** ハチュウ類 **カ** 両生類
**キ** 魚類 **ク** 水中 **ケ** 陸上

| 2 | 計35点 |
|---|---|
| ① | 7点 |
| ② | 7点 |
| ③ | 7点 |
| ④ | 7点 |
| ⑤ | 7点 |

**3** 図は3種類のセキツイ動物の前あしの骨格を示している。次の問いに答えなさい。

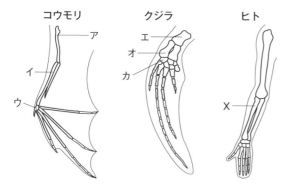

コウモリ　クジラ　ヒト

①図の3種類の動物は，セキツイ動物の何類に分類されるか。

②図の3種類の動物の前あしは，どのようなはたらきをもつか。次の**ア〜エ**からそれぞれ選び，記号で答えなさい。

**ア** うで **イ** あし **ウ** ひれ **エ** つばさ

③図のヒトの**X**に相当する骨を，コウモリの**ア〜ウ**，クジラの**エ〜カ**からそれぞれ選び，記号で答えなさい。

| 3 | 計51点 |
|---|---|
| ① | 10点 |
| ②コウモリ | 7点 |
| クジラ | 7点 |
| ヒト | 7点 |
| ③コウモリ | 10点 |
| クジラ | 10点 |

# 確かめと応用 | 単元 **2** | 生命の連続性

## **1** 生物の成長と変化

図1は，ソラマメの種子が発芽して根がのびたところである。この根のa～c
の部分の縦断面を顕微鏡で観察した。観察は全て同じ倍率で行った。図2は，
観察したときのスケッチである。図3は，図1のcの部分を，倍率を高くして
観察したときに見えたいろいろな細胞を，模式的に表したものである。

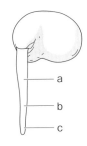

図1

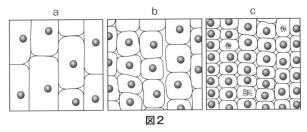

図2

図3

❶顕微鏡観察の前に，根の観察したい部分をうすい塩酸の入った試験管に入れ，約60℃の湯で
1分間あたためた。その理由を説明しなさい。

❷❶の後，根をスライドガラスにのせ，柄つき針の腹でつぶす必要がある。その理由を説明しな
さい。

❸次の文は，観察結果を説明したものである。(1)～(3)に当てはまる言葉を，下のア～エからそれ
ぞれ選びなさい。

　細胞のようすを比べると，(1)では小さな細胞がたくさん見られ，(2)ではそれよりも大きな細
胞が見られる。これは，(1)で細胞分裂が行われて細胞の数がふえ，それらの細胞ひとつひとつ
が(3)なるからである。

**ア** 大きく　　　**イ** 小さく　　　**ウ** 根の先端に近い部分（図1のc）

**エ** 根もとに近い部分（図1のa）

❹図3に見られるアを何というか。

❺図3のアを見えやすくするために用いる染色液は何か。

❻図3のA〜Fを，細胞分裂の順に並べかえなさい。ただし，Aを最初とする。

● 解答(例)

❶細胞どうしをはなれやすくし，観察しやすくするため。

❷細胞をひとつひとつに分離するため。

❸(1)ウ

　(2)エ

　(3)ア

❹染色体

❺酢酸オルセインまたは酢酸カーミン

❻(A)→F→B→E→D→C

○ 解説

❷染色液を根によく浸透させ，染まりをよくするために必要な作業である。

❸ソラマメの根が成長してのびるのは，細胞分裂によって根の細胞の数がふえ，ふえた細胞が大きくなるからである。細胞分裂がさかんに行われるのは根の先端付近である。分裂したばかりの細胞は小さいが，その細胞が大きくなることで，根がのびる。

❹❺ひものように見えるのは染色体とよばれるもので，細胞の核の中にある。酢酸オルセインや酢酸カーミンなどの染色液で，染色体はよく染まる。

❻細胞分裂は，以下の順序で行われる(染色体の変化を目安にするとよい)。

(1)　分裂のための準備が行われる。それぞれの染色体が複製され，同じものが2本ずつできる。(A)

(2)　核の中の染色体が2本ずつくっついたまま太く短くなって，それぞれがひものように見えるようになる。(F)

(3)　染色体が細胞の中央付近に集まり，並ぶ。(B)

(4)　2本の染色体がさけるように分かれて，それぞれが細胞の両端(両極)に移動する。(E)

(5)　2個の核の形ができる。染色体は細く長くなり，やがて見えなくなる。(D)

(6)　しきりができて細胞質が2つに分かれ，2個の細胞ができる。(C)

　　動物の細胞の場合は，くびれができて細胞質が2つに分かれ，2個の細胞ができる。

教科書 p.126

## 確かめと応用 　単元 **2** 　生命の連続性

単元 **2** 生命の連続性

### **2** 無性生殖

写真(教科書参照)はゾウリムシがふえるようすを表している。

❶上(教科書参照)のゾウリムシのふえ方のように，受精を行わずにふえる生殖を何というか。

❷多細胞生物である植物のジャガイモも，からだの一部から新しい個体をつくる。このような❶を特に何というか。

❸ふだん食べている野菜や果物で，❷を行っている植物にはどのようなものがあるか。

● **解答(例)**

❶ 無性生殖

❷ 栄養生殖

❸ サツマイモ，イチゴ，タケ，ハス，クワイなど

○ **解説**

無性生殖では，体細胞分裂によって細胞の数がふえ，新しい個体をつくる。

 教科書 p.126

## 確かめと応用 　単元 **2** 　生命の連続性

### **3** 植物の有性生殖

下図は，被子植物のめしべの柱頭に花粉がついたときのようすを，模式的に示したものである。

❶花粉がめしべの柱頭につくと，図のように，花粉はAをのばす。Aを何というか。

❷Aの中にある精細胞は，何と受精するか。図のB～Eから選び，その名前を答えなさい。

❸被子植物が行うように，生殖細胞が受精することで子をつくる生殖のことを何というか。

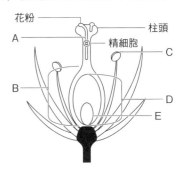

● **解答(例)**

❶ 花粉管

❷ 記号…E

　名前…卵細胞

❸ 有性生殖

**解説**

❶❷おしべの花粉がめしべの柱頭につくと，柱頭から胚珠に向かって花粉管がのびる。

花粉管の先端部まで運ばれた精細胞が，胚珠の中の卵細胞と結合して，それぞれの核が合体し，受精卵ができる。

❸雌と雄のつくる，2種類の生殖細胞が受精することによって子をつくる生殖は，有性生殖である。

教科書 p.126～p.127

# 確かめと応用 | 単元 **2** | 生命の連続性

### **4** 動物の有性生殖

❶生殖細胞をつくるために行われる有性生殖で重要なはたらきをする特別な細胞分裂を何というか。

❷動物の雌がつくる生殖細胞を何というか。

❸❶と体細胞分裂とのちがいは何か。「染色体の数」，「分裂前の細胞」という語句を用いて，説明しなさい。

❹下図は，ヒキガエルの受精卵が細胞分裂をくり返し，おたまじゃくしに変化していく過程の一部をスケッチしたものである。A～Dを変化の順に並べかえなさい。

A

B

C

D

❺受精卵が胚になり，生物のからだのつくりが完成していく過程を何というか。

● **解答（例）**

❶減数分裂

❷卵

❸減数分裂では分裂後の細胞の染色体の数は分裂前の細胞の半分となる。体細胞分裂では，分裂後の細胞の染色体の数は分裂前の細胞と同じである。

❹A→D→C→B

❺発生

○ 解説

❷動物の雄がつくる生殖細胞が精子，雌がつくる生殖細胞が卵である。

❹受精卵は，2倍，4倍，8倍，…と，細胞分裂をくり返して，細胞の数をふやしていく。このとき，細胞の数がふえても，全体の大きさはあまり変わらない。

❺動物では，受精卵の細胞分裂が始まってから，自分で食物をとり始める前までを胚という。胚では組織や器官がつくられ，親と同じからだへと成長していく。

教科書 p.127

## 確かめと応用 | 単元 2 | 生命の連続性

### 5 遺伝の規則性

丸形の種子をつくる純系のエンドウの花粉を使って，しわ形の種子をつくる純系のエンドウの花を受粉させた。こうしてできた子の種子は，全て丸形となった。この種子を発芽させ植物体を育てて自家受粉させ，孫の種子をつくった。

❶下線部の自家受粉とは何か，「花粉」と「めしべ」という言葉を使って答えなさい。

❷対になって存在する遺伝子は，減数分裂のときに分かれて，別々の生殖細胞に入る。この法則を何というか。

❸種子の形を丸形にする遺伝子をA，しわ形にする遺伝子を a として，下の図の空欄に遺伝子を書き入れなさい。

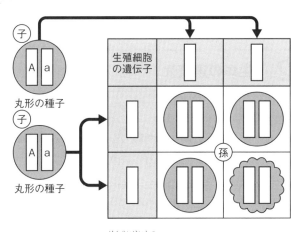

❹丸形としわ形では，顕性形質はどちらか。

❺孫の種子の形について，丸形としわ形の割合(比)を書きなさい。

● **解答（例）**

❶花粉が同じ個体のめしべについて受粉する
こと。

❷分離の法則

❸右図

❹丸形

❺丸形：しわ形＝３：１

○ **解説**

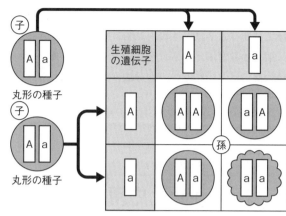

子
Ａa
丸形の種子

子
Ａa
丸形の種子

生殖細胞
の遺伝子 | Ａ | a
Ａ | ＡＡ | ａＡ
a | Ａa | ａａ
孫

❶自家受粉は，相手がいなくても必ず受粉を
行うことができるというメリットがある。

❸Ａaの遺伝子をもつエンドウについて，減
数分裂によってできる生殖細胞の遺伝子は
Ａとaになる。これらの組み合わせを考えればよい。

❹対立形質の純系どうしを交配したとき，子に現れた方が，顕性形質である。遺伝子Ａaの種子は丸形
なので，遺伝子Ａが伝える形質（丸）しか現れておらず，遺伝子aが伝える形質（しわ）はかくれている。
よって，丸形が顕性形質である。

❺遺伝子の組み合わせによる個数の比は，ＡＡ：Ａa：ａａ＝１：２：１であり，遺伝子の組み合わ
せがＡＡ，Ａaのときは丸形，ａａのときはしわ形になることから，丸形としわ形の割合は，丸形：
しわ形＝（１＋２）：１＝３：１である。なお，ＡaとaＡは組み合わせとしては同じものを表して
いる。

📖 教科書 p.127

# 確かめと応用 ｜ 単元 **2** ｜ 生命の連続性

**6** 生物の種類の多様性と進化

❶発見された化石から魚類，両生類，ハチュウ類，鳥類，ホニュウ類のなかで，地球上に最初に
出現したと考えられるのは何類かを答えなさい。また，それはどのような根拠によるか。次の
ア～エの考えのうち，最も適した考え方を選びなさい。

ア　骨格の分析により，最も原始的な背骨を持っているとわかったから。

イ　５つのセキツイ動物のグループのなかで，化石が最も古い年代の地層から発見されたから。

ウ　各生物は呼吸器官が陸上生活に適応するように進化したから。

エ　現在見られるそれぞれのグループの個体数を比べると，最も多いのは魚類だから。

単元
2
生命の連続性

❷陸上生活をするセキツイ動物のグループは，水中生活をする魚類から進化したと考えられている。その証拠となった生物について，その特徴を正しく説明しているものを，次のア〜カから2つ選びなさい。
　ア　口に歯があるが，羽毛におおわれたつばさをもつ始祖鳥
　イ　魚類の胸びれや尾びれと同じつくりの骨格をもったイクチオステガ
　ウ　水中で生活するが肺呼吸を行うイルカ
　エ　肺をもつハイギョ
　オ　4億年もの間ほとんど姿を変えることなく現在も生息しているシーラカンス
　カ　主に水中で狩りを行うワニ
❸Aさんは夏休みに，両生類（カエル）とハチュウ類（トカゲ）の卵について調べたところ，両生類の卵には殻がなく，ハチュウ類の卵はかたい殻でおおわれていることがわかった。
　ハチュウ類の卵がかたい殻でおおわれていることにはどのような利点があるか説明しなさい。
❹始祖鳥の化石には鳥類にはない特徴がある。口に歯があることのほかに，どのような特徴があるか。教科書115ページを参考にして答えなさい。また，このことから，鳥類は何から進化したと考えられるか答えなさい。

● 解答（例）
❶魚類
　根拠…イ
❷イとエ
❸陸上での乾燥から卵を守ることができる。
❹鳥類にはない特徴…つばさの中ほどにつめがある。
　何から進化したか…ハチュウ類
○ 解説
❶出現した順は，魚類，両生類，ハチュウ類，ホニュウ類，鳥類である。
❷ユーステノプテロンやハイギョ，イクチオステガは，魚類と両生類の両方の特徴をもつ化石として見つかっている。
❹つばさの中ほどにつめがあり，口に歯があるという特徴は，ハチュウ類のものである。

📖 教科書 p.128 【活用編】

# 確かめと応用 単元 2 生命の連続性

## 1 動物のからだのはたらきと進化

次の文は，なみさんとかおるさんが博物館に行ったときの，学芸員の先生との会話である。

**先生**「ヒトとカメと魚はどれもセキツイ動物だけど，心臓のつくりはどうなっているかな。」

**なみ**「心臓のつくりがちがうね。1) ヒトとカメと魚では心房と心室の数がちがう。」

**かおる**「ほかにも共通点やちがいはあるのかな。」

**先生**「2) からだから尿を排出することは共通ですが，尿の成分が異なります。動物のからだの中では細胞で養分や酸素を使って生命活動が行われると，有害なアンモニアができることは学びましたね。ヒトやトリ，カメなどの陸上で生活するセキツイ動物は，有害なアンモニアを無害な尿素や尿酸に変えています。魚類の尿の主な成分はアンモニアと尿素ですが，からだへのアンモニアの害を防ぐため水分とともにアンモニアを絶えず水中に排出しています。陸上で生活するセキツイ動物の尿の主な成分は尿素や尿酸であり，体内で濃縮されて排出されるため，水分の排出量は比較的少ないんですよ。」

**なみ**「それって，進化と関係があるのかなあ。」

❶下線1)のように，セキツイ動物の心臓のつくりは表のように異なっている。ここから考えられることを，進化とのかかわりで述べなさい。

|  | 魚類 | 両生類・ハチュウ類 | 鳥類・ホニュウ類 |
|---|---|---|---|
| 心房の数 | 1 | 2 | 2 |
| 心室の数 | 1 | 1 | 2 |

❷下線2)に関して，魚類以外のセキツイ動物が尿素や尿酸で排出する利点について，生活場所との関連から考えて説明しなさい。

● 解答(例)

❶魚類から両生類・ハチュウ類，鳥類・ホニュウ類へという，段階的な進化に合わせて，心房と心室の数がふえていった。

❷無害である尿素や尿酸は濃縮して排出できるため，陸上で生活する多くのセキツイ動物にとって，水分の損失を防ぐことができるという利点がある。

○ 解説

❶心房の数，心室の数がふえることによって，心臓のなかの役割を分担でき，効率よくエネルギーを得られるように進化したと考えられる。

❷尿素や尿酸は害がないので，絶えず排出する必要はなく，ある程度の量をまとめて排出することができる。そのため，大量の水分をとる必要がないので，水辺から遠い場所でも生活できる。

活用編

# 確かめと応用　単元 **2**　生命の連続性

## ❷ 遺伝の規則性

メンデルが遺伝の規則性を研究する際に，エンドウを実験材料として選んだ理由の１つとして，「エンドウが自然状態では自家受粉を行う」という性質があげられる。メンデルは丸形(顕性形質)の種子をつくる純系のエンドウの花粉を，しわ形(潜性形質)の種子をつくる純系のめしべにつけて交配実験を行い，子の種子を得た。そしてこれらの種子を育て，自家受粉させて得た孫の代の種子では，丸形としわ形の個体数の比がおよそ３：１になることを確かめた。このとき，丸形の遺伝子をＡ，しわ形の遺伝子をａとして遺伝子の組み合わせの比を表すと，ＡＡ：Ａａ：ａａ＝１：２：１となった。

このようにして得られた孫の代の種子を育て，さらに自家受粉させて得られる「ひ孫の代」について，以下の問いに答えなさい。なお，どの孫からもできる種子の数は全て同じであるものとする。

❶孫を自家受粉させてできる「ひ孫の代」の遺伝子の組み合わせは下の表のように考えることができる。表のエ，オ，カ，ク，ケに当てはまる遺伝子の組み合わせを書きなさい。

| 生殖細胞の遺伝子 | A | A |
|---|---|---|
| A | ア | イ |
| A | ウ | エ |

| 生殖細胞の遺伝子 | A | a |
|---|---|---|
| A | オ | カ |
| a | キ | ク |

| 生殖細胞の遺伝子 | a | a |
|---|---|---|
| a | ケ | コ |
| a | サ | シ |

❷孫の代の個体数の比は，丸形：しわ形＝３：１(ＡＡ：Ａａ：ａａ＝１：２：１)である。このことと❶の表から孫の代が自家受粉してできる「ひ孫の代」の丸形としわ形の個体数の比を求めなさい。

❸「自家受粉を行う」というエンドウの性質は，遺伝の規則性の研究を行う際に，どのような点でつごうがよいと考えられるか。

● 解答(例)

❶エ…ＡＡ
オ…ＡＡ
カ…Ａａ
ク…ａａ
ケ…ａａ
❷丸形：しわ形＝５：３
❸自家受粉を行って純系をつくりやすい。交配を行わせやすい，など。

○ 解説

❷孫の代の個体数の比は，ＡＡ：Ａａ：ａａ＝１：２：１だから，❶の３つの表から，個体数は次のように計算できる。

| 生殖細胞の遺伝子 | A | A |
|---|---|---|
| A | AA | AA |
| A | AA | AA |

} ×1 … (1)

| 生殖細胞の遺伝子 | A | a |
|---|---|---|
| A | AA | Aa |
| a | Aa | aa |

} ×2 … (2)

| 生殖細胞の遺伝子 | a | a |
|---|---|---|
| a | aa | aa |
| a | aa | aa |

} ×1 … (3)

(1)より　　　　　ＡＡは　　$4 \times 1 = 4$

(2)より　　　　　ＡＡは　　$1 \times 2 = 2$

　　　　　　　　　Ａａは　　$2 \times 2 = 4$

　　　　　　　　　ａａは　　$1 \times 2 = 2$

(3)より　　　　　ａａは　　$4 \times 1 = 4$

これらを合計すると

　　　　　　　　　ＡＡは　　$4 + 2 = 6$

　　　　　　　　　Ａａは　　$4$

　　　　　　　　　ａａは　　$2 + 4 = 6$

したがって，ＡＡ：Ａａ：ａａ＝６：４：６

　　　　　　　　　　　　　　＝３：２：３

ＡＡとＡａは丸形，ａａはしわ形だから，

　　　　丸形：しわ形＝$(3 + 2)：3$

　　　　　　　　　　　＝$5：3$

❸自然状態ではほかの花との間で交配がほとんど起こらないため，特定の遺伝子の組み合わせをもつ個体どうしを人工的に交配させることができる。

# 確かめと応用 | 単元 **2** | 生命の連続性

単元 **2** 生命の連続性

## ❸ 遺伝子の組み合わせ

太郎さんの学級では，図1のメンデルが行ったエンドウの交配実験による遺伝の規則性を確かめようと考えた。そのために，図2のような遺伝子カードを作成し，2人1組となって組ごとに遺伝子の組み合わせを調べるモデル実験を行った。表は，学級全体の結果をまとめたものである。

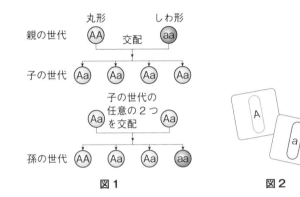

**図1**

**図2**

表

| 丸形 | | | しわ形 |
|---|---|---|---|
| AA | Aa | aa | |
| 184 | 369 | 197 | |
| 553 | | | 197 |

❶図1の「交配」とはどのようなことか，具体的に説明しなさい。

❷図2の遺伝子カードを使ったモデル実験は，どの世代の交配について実験したものか。

❸表のモデル実験の結果から，ＡＡ：Ａａ：ａａの割合を整数で表しなさい。

● 解答（例）

❶花粉を別の個体のめしべにつけて受粉させる操作のこと。

❷子の世代

❸ＡＡ：Ａａ：ａａ＝１：２：１

○ 解説

❷Ａとａのカードを使って行うので，ＡａとＡａの交配を考えようとしていることがわかる。

❸ＡＡ：Ａａ：ａａ＝184：369：197≒1：2：1である。

📖 教科書 p.129 | **活用編**

# 確かめと応用 | 単元 **2** | 生命の連続性

---

### **4** 生物の進化と相同器官

奈央さん，麻衣さん，太郎さんは，ウマの前あしの骨格がヒトとはずいぶん異なっていることに疑問をもち，理科の授業で学んだことを活用してウマの前あしの進化について検討した。

ウマの進化

**図1**
**ヒトの左手の骨格**

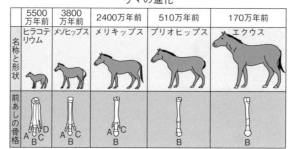

**図2　ウマの進化**

| | 5500万年前 | 3800万年前 | 2400万年前 | 510万年前 | 170万年前 |
|---|---|---|---|---|---|
| 名称と形状 | ヒラコテリウム | メソヒップス | メリキップス | プリオヒップス | エクウス |
| 前あしの骨格 | D A C B | A C B | A C B | B | B |

**奈央**「ヒトとヒラコテリウムの骨格を比べると相同器官だとわかるけど，エクウスはずいぶん異なって見えるね。ウマの前あしは，だんだんと指の数が少なくなっていって，エクウスではBの指だけ残っているね。」

**麻衣**「メンデルの遺伝の法則をもとにすると，親のもっている遺伝子のちがいで子に伝わる形質はさまざまになるよね。メリキップスからプリオヒップスの間にBの指の骨格が発達した個体がうまれて，その個体が子孫を残して進化したんじゃないかな。」

**太郎**「遺伝子に変化が生じて形質が変化することもあると習ったよね。<u>どのようにして，親よりも指の数が減ったのかな。</u>」

❶図1のヒトの手の指の部分を黒くぬりつぶしなさい。また，ヒトの手の骨格とエクウスの前あしの骨格は相同器官であることをもとに，図2のエクウスの前あしの指の部分を黒くぬりつぶしなさい。

❷3人の考えをもとに，太郎さんの発言の下線部に対する答えを「遺伝子」，「変化」という語句を使って説明しなさい。

---

● 解答（例）

❶右図

❷親のもつ遺伝子に変化が生じて，
　その変化した遺伝子が子に伝わり，
　指の形質が変化した。

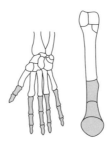

○ 解説

❶第3関節まで黒くぬるとよい。

❷最初は少しの変化であったり，ごく一部にしか見られない変化であったりしても，それが代々伝わることで大きな変化になり，多くに見られる変化になっていく。

## この単元で学ぶこと

### 第1章　物体の運動

記録タイマーや力学台車などを用いて実験し，物体の運動の決まりについて学ぶ。

### 第2章　力のはたらき方

物体に力がはたらくときの決まりについて学ぶ。

### 第3章　エネルギーと仕事

物体がもつエネルギーとは，どのようなものかについて学ぶ。

仕事とは何かについて学ぶ。

単元 **3**

# 運動とエネルギー

# 第1章 物体の運動

## これまでに学んだこと

▶**力のはたらき**(中1)

①物体の形を変える。　②物体の運動の状態を変える。

③物体を支える。

▶**力の表し方**(中1)　物体にはたらく力は，**力の矢印**で表す。

①矢印のはじまり…**力のはたらく点(作用点)**

②矢印の向き…**力の向き**　③矢印の長さ…**力の大きさ**

▶**重力**(中1)　地球上にある全ての物体が地球から受けている力。地球の中心の向きに力を受けている。

●**力の表し方(力の矢印)**

力の大きさ
矢印の長さ
で表す

力の向き

力のはたらく点(作用点)
指と物体が接する点

## 第1節 物体の運動の記録

### 要点のまとめ

▶**記録タイマーの使い方**

　記録タイマーが記録テープに打点する間隔は，東日本と西日本で異なる。これは，**交流の周波数**が東日本と西日本で異なるためである。

▶**速さ(秒速)を求める式**

$$速さ[m/s] = \frac{移動距離[m]}{かかった時間[s]}$$

速さの単位…**メートル毎秒**(記号 m/s)

　　　　　　**センチメートル毎秒**(記号 cm/s)

　　　　　　**キロメートル毎時**(記号 km/h)

●**記録タイマー**

| 東日本 |
|---|
| 1秒間に50打点(5打点で0.1秒) |
| $\frac{1}{50}$ 秒ごとに打点する |

(例)

5打点(0.1秒)の距離が6cmなので，

$$速さ[cm/s] = \frac{6cm}{0.1s} = 60cm/s$$

| 西日本 |
|---|
| 1秒間に60打点(6打点で0.1秒) |
| $\frac{1}{60}$ 秒ごとに打点する |

(例)

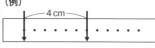

6打点(0.1秒)の距離が4cmなので，

$$速さ[cm/s] = \frac{4cm}{0.1s} = 40cm/s$$

教科書 p.135

**実験 1**

水平面上での台車の運動

◎ **実験のアドバイス**

・記録タイマーと記録テープの間は、摩擦や抵抗が少なくなるようにする。テープを巻いたまま使ったり、長いテープを使ったりしてはいけない。また、記録タイマーと記録テープの向きが正しくないと摩擦力が影響し、運動のようすが正しく記録できなくなるおそれがある。

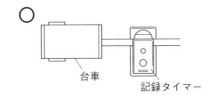
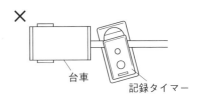

・初めの打点が重なってはっきりしない部分は除外し、打点間隔がはっきりしている点を基準点とする。

● **結果（例）**

記録テープは教科書136ページの図1、教科書137ページの図3のようになる。

| | 初めにおし出したとき | 少し強めておし出したとき |
|---|---|---|
| 0.1秒間の移動距離 | 一定になった | 一定になった |
| 基準点からの移動距離 | 時間に比例した | 時間に比例した |

◎ **結果の見方**

●初めにおし出したときと、力を少し強めておし出したときで、記録テープの打点の間隔はどうなったか。

・強くおし出したときは、初めにおし出したときに比べて、打点の間隔が長くなった。

・強くおし出したときは、初めにおし出したときに比べて、基準点からの移動距離のグラフの傾きが大きくなった。

◎ **考察のポイント**

●打点の間隔から、台車はどのような運動をしているといえるか。

・手でおし出した少し後から、打点の間隔がほぼ等しくなる区間がある。

・打点の間隔が等しくなる区間の打点の1つを基準点として、0.1秒ごとにテープを切りはなして並べると、台車が0.1秒間に移動する距離が一定であることから、一定の速さで運動していることがわかる。

●時間と移動距離には、どのような関係があるか。

・基準点を打点してからの時間と、台車の基準点からの移動距離の関係をグラフにすると、原点を通る直線になることから、時間と移動距離は比例の関係にあることがわかる。

単元 **3** 運動とエネルギー

教科書 p.137

**活用　学びをいかして考えよう**

教科書137ページの図5のはね返る小球について，運動する速さと向きは，どのように変化しているといえるだろうか。

● 解答(例)

**速さも向きも常に変化しながら，運動している。**

◎ 解説

　連続写真の小球と小球の間隔に注目すると，速さは小球が上昇するとだんだんおそくなって0になり，頂点から下降するとだんだん速くなっていることがわかる。また，運動の向きは，上下に運動しつつ，少しずつ右方向へ進んでいることから，常に変化していることがわかる。

## 第2節　物体の運動の速さの変化

### 要点のまとめ

▶ **平均の速さ**　区間全体を一定の速さで移動したと考えたときの速さ。
▶ **瞬間の速さ**　ごく短い時間に物体が移動した距離をもとに求めた速さ。
▶ **等速直線運動**　一定の速さで一直線上をまっすぐ進む運動。物体の**移動距離**は時間に**比例**して増加する。

 教科書 p.138

**分析解釈　調べて考察しよう**

教科書138ページの図1は，自動車①と②が32m移動するまでの位置を1秒間隔で示している。教科書138ページの図1の自動車①と②の1秒間隔ごとの平均の速さを求めて教科書138ページの表1の(　)に書き入れ，自動車①と②の速さの変化を比べよう。

● 解答(例)

　教科書138ページの表1の値は右のようになる。自動車①の平均の速さは全ての区間で一定であるが，自動車②の平均の速さは時間とともに少しずつ大きくなっている。

◎ 解説

| 時間の区間 | ①の平均の速さ[m/s] | ②の平均の速さ[m/s] |
|---|---|---|
| 0〜1 | 8 | 2 |
| 1〜2 | ( 8 ) | ( 6 ) |
| 2〜3 | ( 8 ) | ( 10 ) |
| 3〜4 | ( 8 ) | ( 14 ) |

　自動車②は32mの区間を一定の速さで移動していない。このように時間の変化に応じて，刻々と変化する速さを瞬間の速さという。

教科書 p.139

**活用　学びをいかして考えよう**

次の 2 つの事例の平均の速さを求めて比べよう。

● 100 m を 12.5 秒で走った人

● 100 m 走のゴール地点において，0.01 秒の間に 9 cm 移動した人

● **解答（例）**

● 100 m を 12.5 秒で走った人

$$平均の速さ = \frac{100\,m}{12.5\,s} = 8\,m/s$$

● 100 m 走のゴール地点において，0.01 秒の間に 9 cm 移動した人

9 cm = 0.09 m なので，

$$平均の速さ = \frac{0.09\,m}{0.01\,s} = 9\,m/s$$

以上より，「100 m 走のゴール地点において，0.01 秒の間に 9 cm 移動した人」の方が，平均の速さは速いことがわかる。

○ **解説**

単位に気をつけて計算する。この結果だけで，100 m 走ではどちらが速いかを判断できないが，もし「100 m 走のゴール地点において，0.01 秒の間に 9 cm 移動した人」が，この速さで 100 m を走ったとすると，$\frac{100\,m}{9\,m/s} ≒ 11.1\,s$ より，記録は 11.1 秒になる。

## 第3節　だんだん速くなる運動

### 要点のまとめ

▶ **一定の大きさの力がはたらく運動**　斜面を下る台車には一定の大きさの力がはたらいており，台車の速さは**一定の割合で増加**する。また，斜面の**傾きが大きい**ほど，速さが増加する割合も大きい。

　物体に**一定の大きさの力**がはたらき続けると，物体の**速さは力のはたらく向きに一定の割合で増加**する。

▶ **自由落下**　斜面の傾きを大きくしていき，傾きが 90° になると，力の大きさは重力の大きさに等しくなり，物体は垂直に落下する。このときの運動を**自由落下**という。

> 自由落下している間の物体にも，常に一定の力がはたらき続けているよ。

教科書 p.141

**実験2**

斜面上での台車の運動

● **結果（例）**

・台車にはたらく力

| 斜面上の台車の位置 | | 上の方 | 中くらい | 下の方 |
|---|---|---|---|---|
| ばねばかりの値〔N〕 | 傾き10° | 1.7 | 1.6 | 1.7 |
| | 傾き20° | 3.3 | 3.3 | 3.2 |

・台車の運動のようす

記録テープは教科書142ページの図2のようになる。

○ **結果の見方**

●斜面の傾きによって，台車にはたらく力や台車の運動のようすは，どのように変化したか。

・教科書142ページの表1から，斜面の傾きが同じなら台車にはたらく斜面方向の力の大きさはほぼ一定であり，斜面の傾きが大きいほど台車にはたらく斜面下向きの力の大きさも大きくなることがわかる。

・教科書142ページの図2から，台車の速さは一定の割合で増加していることがわかる。

○ **考察のポイント**

●速さの変化と力の大きさとの間には，どのような関係があるか。

・同じ物体にはたらく力が大きいほど，物体の速さが増加する割合も大きい。

 教科書 p.143

**活用　学びをいかして考えよう**

小さい物体でも，高い建物の上の階から物体が落下すると，たいへん危険なのはなぜだろうか。

● **解答（例）**

自由落下をする物体には，常に重力という一定の力がはたらき続けるので，物体の速さは増加し続ける。その結果，物体は高速で落下するので，たいへん危険である。

○ **解説**

実際には，自由落下している物体は，速さに比例した空気抵抗を受ける。空気抵抗は落下する向きとは逆向きにはたらくので，落下する物体の速さはやがて一定になる。限りなく速くなるわけではない。

# 第4節 だんだんおそくなる運動

## 要点のまとめ 🖊

▶**運動と逆向きの力がはたらく場合** 物体に，**運動の方向とは逆向きに一定の力**がはたらき続けているとき，運動している物体の**速さは一定の割合で減少する。**前進させる力と逆向きの力が同じ**大きさになると，速さは一定になる。**

 **教科書 p.144**

**分析解釈　調べて考察しよう**
教科書144ページの図2のように，斜面上を上る台車の運動を，記録タイマーを使って調べよう。
①教科書141ページの実験2の斜面と同じ傾き（小さいまたは大きい傾き）にする。
②台車を斜面の下から手でおし出して，教科書141ページの実験2のときと同じくらいの高さまで斜面上を上らせる。
③台車が上ってから下り始める前に，台車を手で止める。

**解説**

台車をおし上げると，斜面上向きに力がはたらき，台車は斜面を上り始める。

台車が手から離れると，その後の台車には**運動の向きと逆向きの力**（斜面下向きの力）がはたらき続けるため，台車の速さは**一定の割合で減少し，**やがて止まる。

台車を手でおさえたりせずにそのままにしておくと，斜面上の台車には斜面下向きの力がはたらき続けているため，台車は一瞬止まった後，今度は斜面を下る運動を始め，台車の速さは（斜面下向きに）一定の割合で増加する。

 **教科書 p.145**

**活用　学びをいかして考えよう**
身のまわりで運動の向きとは逆向きに力がはたらいている現象には，どのようなものがあるだろうか。

**解答（例）**

走っている自転車で，ブレーキをかけたとき。

**解説**

自転車の車輪が回転するのを止めようとするために，回転とは逆向きに摩擦力がはたらく。

単元 **3** 運動とエネルギー

教科書 p.146

**ふり返り　探究をふり返ろう**

一定の力がはたらき続ける場合の物体の運動について，斜面上の台車の運動(教科書141ページ参照)以外の実験でも，同じ結果が得られるだろうか。例えば，水平面上の台車を，落下するおもりで引き続けたらどうなるだろうか。

● 解答(例)

**斜面上を下る台車の運動と同じ結果が得られる。**

○ 解説

台車の進行方向に一定の力がはたらき続けているかどうかがポイントである。斜面を下るときは，台車にはたらく重力の一部が，運動の向きと同じ向きにはたらき，この力によって台車の速さは一定の割合で増加する。この実験では，おもりにはたらく重力が一定であり，この力によって台車が運動し，その速さは一定の割合で増加することになる。

 教科書 p.146　　**章末　学んだことをチェックしよう**

**❶ 物体の運動の記録**

1秒間に50打点する記録タイマーで記録したテープを5打点ごとに切ると，ちょうど4本に分かれた。記録テープの長さがどれも8cmだったとき，物体は何秒間に何cm移動したか。

● 解答(例)

**0.4秒間に32cm移動した。**

○ 解説

1秒間に50打点する記録タイマーなので，5打点するのにかかる時間は0.1秒である。ここでは，テープが4本できたので，かかった時間は0.1 s × 4 = 0.4 s より，0.4秒である。また，この間に移動した距離は8cm × 4 = 32cmである。

**❷ 物体の運動の速さの変化**

1. 2つの地点の間を一定の速さで移動したと考えたときの速さを(　　)の速さという。
2. 時間の変化に応じて，刻々と変化する速さを(　　)の速さという。
3. 一定の速さで一直線上を進む物体の運動を(　　)運動という。このような運動では，移動距離は時間に(　　)している。

● 解答(例)

1. **平均**
2. **瞬間**
3. **等速直線，比例**

**❸ だんだん速くなる運動**

斜面上を下る台車は，だんだん速くなる。このとき，台車には斜面（　　）向きに一定の大きさの（　　）がはたらいている。

 **解答（例）**

下，力

**❹ だんだんおそくなる運動**

物体の速さがだんだんおそくなるとき，運動の向きと（　　）向きに力がはたらいている。

**解答（例）**

逆

📖 教科書 p.146 **章末　学んだことをつなげよう**

次のようなとき，物体はどのような運動をするだろうか。
●力がはたらかないかつり合っているとき
●運動の向きと同じ向きに力がはたらくとき
●運動の向きと逆向きに力がはたらくとき

 **解答（例）**

●力がはたらかないかつり合っているとき
　物体は等速直線運動をするか，止まっている。
●運動の向きと同じ向きに力がはたらくとき
　物体は一定の割合で速さが増加する運動をする。
●運動の向きと逆向きに力がはたらくとき
　物体は一定の割合で速さが減少する運動をする。

📖 教科書 p.146

**Before & After**

運動と力には，どのような関係があるだろうか。

**解答（例）**

物体が外部から力を受けることによって，物体の運動のようす（運動の速さや向き）が変わる。

○ **解説**

　物体が外部から力を受けていても，それらの力がつり合っていれば，等速直線運動をしている物体は等速直線運動を続け，静止している物体は静止したままである。また，力がつり合っていなければ，受ける力の向きによって，運動の速さが変わったり，向きが変わったりする。

# 定 期 テ ス ト 対 策　第**1**章 | 物体の運動

解答 p.206

/100

**1** 次の問いに答えなさい。

①物体の運動のようすを調べるには，運動する物体の何に着目すればよいか，2つ答えなさい。

②ある距離を一定の速さで移動するとして考えたときの速さを何というか。

③速度計で表示されるような，ごく短い時間に移動した距離をもとに求めた速さを何というか。

④摩擦のない水平な面上で力を受けない物体がする運動を何というか。

⑤④の運動をしているとき，物体の移動距離と，移動するのにかかる時間の間にはどのような関係があるか。

⑥物体の運動の向きと同じ向きに一定の力がはたらき続けると，物体の速さはどうなるか。

⑦物体の運動の向きと逆の向きに一定の力がはたらき続けると，物体の速さはどうなるか。

**1** 計60点

| | |
|---|---|
| ① | 5点 |
| | 5点 |
| ② | 5点 |
| ③ | 5点 |
| ④ | 10点 |
| ⑤ | 10点 |
| ⑥ | 10点 |
| ⑦ | 10点 |

**2** 水平面上に角度が5°の斜面をつくる。この斜面を水平面から100cm上った位置を点Pとして，点Pに台車を置き，静かに手をはなして台車の運動を調べた。次に，斜面の角度を10°，15°にかえて，同じ操作を行った。

①次の**ア**〜**エ**から，台車にはたらく重力について適切なものを1つ選び，記号で答えなさい。

**ア** 5°のときが最も大きい　**イ** 10°のときが最も大きい

**ウ** 15°のときが最も大きい

**エ** 角度に関係なく大きさは等しい

②①の**ア**〜**エ**から，台車の運動方向にはたらく力について適切なものを1つ選び，記号で答えなさい。

③次の**ア**〜**エ**から，台車が水平面に達するまでの時間について適切なものを1つ選び，記号で答えなさい。

**ア** 5°のときが最も長い　**イ** 10°のときが最も長い

**ウ** 15°のときが最も長い

**エ** 角度に関係なく時間は等しい

④斜面の角度を90°にすると，台車は垂直に落下する。このときの運動を何というか。

**2** 計40点

| | |
|---|---|
| ① | 10点 |
| ② | 10点 |
| ③ | 10点 |
| ④ | 10点 |

# 第2章 力のはたらき方

## これまでに学んだこと

▶ **力のつり合い**(中1)　物体に2つの力がはたらいていて，物体が動かないとき，2つの力は**つり合っている**という。

・1つの物体にはたらく2力のつり合いの条件
　①2力が一直線上にある。
　②2力の大きさが等しい。
　③2力の向きが逆向きである。
　　この3つの条件を全てみたしたとき，2力はつり合う。

▶ **圧力**(中2)　物体どうしがふれ合う面に力がはたらくとき，その面を垂直におす単位面積(1 m² や1cm²)あたりの力の大きさ。単位は**パスカル(記号Pa)**であるが，ニュートン毎平方メートル(記号N/m²)やニュートン毎平方センチメートル(記号N/cm²)も使われる。

$$圧力〔Pa〕=\frac{面を垂直におす力〔N〕}{力がはたらく面積〔m^2〕}$$

▶ **大気圧**(中2)　上空にある空気が地球上の物に加える，重力による圧力。海面上で約100000 Pa(1000 hPa：ヘクトパスカル)になる。**標高が高くなると小さくなり，あらゆる方向から**はたらく。

● **1つの物体にはたらく2力のつり合いの条件**

1つの物体にはたらく2力がつり合うための3つの条件は覚えているかな?

# 第1節 力の合成と分解

## 要点のまとめ

▶**力の合成** 複数の力と同じはたらきをする1つの力を**合力**といい，合力を求めることを**力の合成**という。

**①2力が一直線上にあり，向きが同じ場合**

合力Fの向きは2力A，Bと**同じ向き**で，合力Fの大きさは2力の大きさの**和**になる。

**②2力が一直線上にあり，向きが逆の場合**

合力Fの向きは2力A，Bのうち，**力の大きい方と同じ向き**で，合力Fの大きさは2力の大きさの**差**になる。2力の大きさが同じ場合には合力が0になるので，2力はつり合った状態になる。

**③2力が一直線上にない場合**

合力Fの向きは，2力A，Bを2辺とする**平行四辺形の対角線**の向きになる。合力Fの大きさは，この**対角線の矢印の長さ**として表される。

▶**力の分解** 1つの力を分けた複数の力を**分力**といい，1つの力を，それと同じはたらきをする複数の力に分けることを**力の分解**という。2つに分けたときの分力は，**もとの力F**を**対角線とする平行四辺形のとなり合う2辺**（分力A，B）で表される。

> 合力と分力の求め方はしっかりと覚えておこう。

●力の合成

①
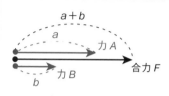

aは力Aの大きさ，bは力Bの大きさを表す。

②
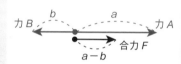

③
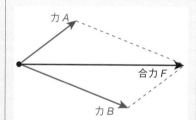

●力の分解
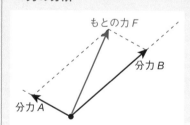

教科書 p.149～p.150

**実験3**
角度をもってはたらく2力

● **結果（例）**
・力Oと力Fは一直線上にあり，大きさが等しく，向きは逆向きであった。
・力A，力Bを表す矢印を2辺とする平行四辺形をかくと，その対角線は力Fを表す矢印と一致した。

◎ **結果の見方**

●2力の角度が大きくなると，同じはたらきをする1つの力と比べて，2力はどのように変化したか。

力A，力Bの間の角度を大きくしたら，力Fの大きさと向きは変わらなかったが，力A，力Bはいずれも大きくなった。

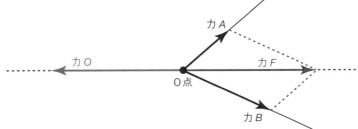

◎ **考察のポイント**

●まずは自分で考察しよう。わからなければ，教科書150ページ「考察しよう」を見よう。

①引かれたばね1が静止しているときは，どういう状態か。

力Oと力Fの2力がつり合っている状態である。

②2本のばね（ばね2，ばね3）で引く角度が大きくなると，ばねののびはどのように変わるといえるか。

ばね2，ばね3のばねののびは大きくなる。

③1本のばねで引いた場合と，2本のばねで引いた場合について，力の矢印をかくと，どのような形になるか。

・1本のばねで引いた場合…2つの矢印は一直線上になる。
・2本のばねで引いた場合…力Aと力Bの矢印をとなり合う2辺とする平行四辺形の対角線が，力Oを表す矢印と一直線上になる。

 教科書 p.152

**活用　学びをいかして考えよう**
教科書152ページの図3のように，トラス橋はななめに柱を組む構造になっている。このようにしている理由を，力の分解を用いて説明しよう。

● **解答（例）**

橋げたにはたらく重力Wの分力$W_1$，$W_2$と，橋を引き上げようとする力$F_1$，$F_2$がそれぞれつり合っている。$W_1$，$W_2$は，Wよりも小さいので，小さい力で橋を支えることができる。

◎ **解説**

$F_1$と$F_2$のなす角度が大きいと，$F_1$と$F_2$の大きさを大きくしなければならなくなるので，$F_1$と$F_2$の角度はあまり大きくしてはいけない。

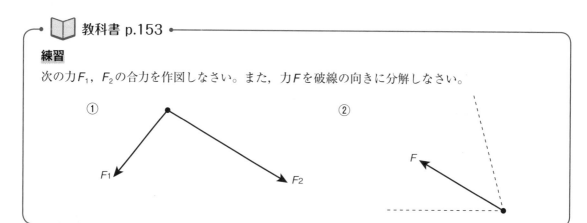

**教科書 p.153**

**練習**

次の力 $F_1$, $F_2$ の合力を作図しなさい。また，力 $F$ を破線の向きに分解しなさい。

① ②

**解答（例）**

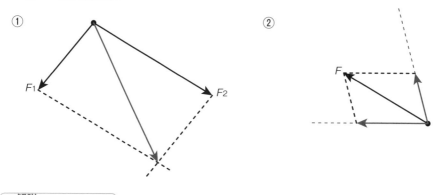

① ②

**解説**

① $F_1$ と $F_2$ をとなり合う2辺とする平行四辺形をかき，その対角線が合力になる。

② $F$ が対角線になるような平行四辺形をかく。平行四辺形のとなり合う2辺が破線上になるようにする。

**教科書 p.153**

**確認**

小型船A，Bが図の向きにそれぞれ $F_1$, $F_2$ の力で大型船を引くとき，大型船にはたらく力の向きを作図して示しなさい。

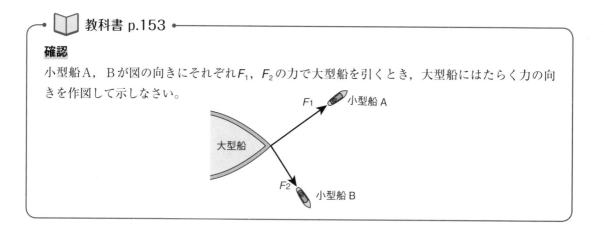

● 解答（例）

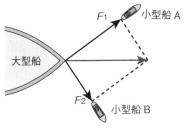

● 解説

$F_1$と$F_2$をとなり合う2辺とする平行四辺形をかき，その対角線の向きが，大型船にはたらく力の向きになる。

# 第2節 慣性の法則

## 要点のまとめ

▶**慣性の法則** 物体に力がはたらいていない場合，または，はたらいていても合力が0の場合，**静止している物体は静止し続け，運動している物体はそのままの速さで等速直線運動を続ける**。これを**慣性の法則**といい，物体がもつこの性質を**慣性**という。

走行している電車がブレーキをかけたとき，乗っている人がよろめいてしまうのは，慣性が関係しているよ。

 教科書 p.154

### 調べよう

次のような場合，それぞれの物体は，どのような運動をするだろうか。
- アイスホッケーのパックの運動
- ハンマー投げ競技で投げ出された鉄球の運動
- だるま落としで，1段だけ落としたときの上の部分の運動
- ドライアイスをのせた台車を，急に引いたときのドライアイスの運動（教科書154ページの図2）

● 解答（例）
- アイスホッケーのパックは，力を加えて打ち出された後，直線上を一定の速さですべり続ける。
- ハンマー投げ競技で投げ出された鉄球は，投げ出された瞬間の速さで，それまでの運動の接線方向に飛んでいく。
- だるま落としは，たたいた段は横に飛ぶが，それ以外の段は下に落下する。
- ドライアイスは，台車から見ると台車を引いた向きとは逆向きに動いているように見える（教科書155ページの図3のストロボ写真からもわかるように，実際にはもとの位置から動いていない）。

解説

　物体は，力がはたらいていないか，はたらいていても合力が0のときは，静止していれば静止し続け，運動していればそのままの速さで等速直線運動を続ける。これを**慣性の法則**といい，全ての物体がもつこのような性質を**慣性**という。

● 教科書 p.155 ●

**活用　学びをいかして考えよう**
教科書155ページの図3以外に身のまわりで慣性が関係しているものを見つけて説明しよう。

● 解答(例) ●

・止まっている列車が急に動きだすと，乗客はもとの位置で静止し続けようとするため，動きだした向きと逆向きにからだが傾く。

・等速直線運動をしている自転車が急ブレーキをかけると，乗っている人は等速直線運動を続けようとするため，からだが前方へおし出される。

・机の上にテーブルクロスを置き，さらにその上に食器を置く。そこからすばやくテーブルクロスを引きぬくと，食器は倒れずに机の上に残ったままになる。

## 第3節　作用・反作用の法則

### 要点のまとめ

▶**作用・反作用の法則**　1つの物体がほかの物体に力を加えた場合，それぞれが必ず同時に相手の物体から，大きさが同じで逆向きの力を受けること。

　作用と反作用の関係にある2力は，2つの物体のそれぞれにはたらく。また，その2力は，**一直線上にあり，向きが反対で，大きさが等しい**。

「作用・反作用の2力」は2つの物体それぞれにはたらく力で，「つり合う2力」は1つの物体にはたらく力であることに注意しよう。

● 教科書 p.156 ●

**調べよう**
①おたがいが向き合うようにして，キャスターつきのいすに座る。
②どちらか一方が相手をおし，おした人と，おされた人のいすの動き方を調べる。

● 解答(例) ●

　教科書156ページの図2で考える。AさんがBさんを左の方へおすと，おされたBさんは左へ，おしたAさんは右へ，おたがいにはなれるように動く。

解説

Bさんは A さんから力を受けて左方向に動き，A さんは B さんから力を受けて右方向に動く。

📖 教科書 p.157

**活用　学びをいかして考えよう**

教科書157ページの図6以外に身のまわりで作用・反作用が関係しているものを見つけて説明しよう。

● 解答（例）

**人がジャンプする。**

● 解説

人が地面の上でジャンプするとき，人が地面に加えた力と，地面が人に加える力の間には，作用・反作用の法則がなり立っている。このため，斜めにジャンプするときは，地面を斜めにけっている。

---

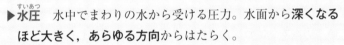

# 第4節　水中ではたらく力

## 要点のまとめ

▶**水圧**　水中でまわりの水から受ける圧力。水面から**深くなるほど大きく，あらゆる方向**からはたらく。

▶**浮力**　水中の物体に上向きにはたらく力。物体が水中にあるとき，物体の上面で下向きにはたらく水圧よりも，下面で上向きにはたらく水圧の方が大きいために生じる（水圧は深いほど大きい）。物体の**水中にある部分の体積**が増すほど大きく，物体が全て水中にしずんでいる場合は深さに関係しない。

・水にういている物体

　　**浮力〔N〕＝物体にはたらく重力〔N〕**

・水にしずむ物体

　　**浮力〔N〕＝物体にはたらく重力〔N〕－物体が水中にあるときのばねばかりの読み〔N〕**

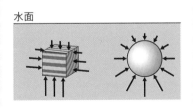

●水圧

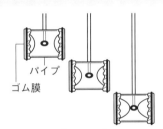

深くしずめるほど，
ゴム膜のへこみ方が大きい。

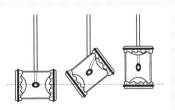

同じ深さでは，透明パイプをどの向きにしてもゴム膜のへこみ方は変わらない。

教科書 p.159〜p.160

**実験4**

水中の物体にはたらく上向きの力

● 結果（例）

| | ばねばかりの値〔N〕 | | | |
|---|---|---|---|---|
| | おもりA（大） | おもりB（大） | おもりA（小） | おもりB（小） |
| ⑦重力の大きさ | 1.10 | 0.56 | 0.55 | 0.28 |
| ⑦半分しずめる | 0.96 | 0.42 | 0.48 | 0.21 |
| （⑦と⑦の差） | 0.14 | 0.14 | 0.07 | 0.07 |
| ⑦全部しずめる | 0.82 | 0.28 | 0.41 | 0.14 |
| （⑦と⑦の差） | 0.28 | 0.28 | 0.14 | 0.14 |
| ⑨さらにしずめる | 0.82 | 0.28 | 0.41 | 0.14 |
| （⑦と⑨の差） | 0.28 | 0.28 | 0.14 | 0.14 |

◎ 結果の見方

●おもりを水にしずめる過程で，ばねばかりの値はどうなったか。

・おもりを全部水にしずめるまでは，ばねばかりの値は小さくなっていったが，おもりが全部しずんだ後はさらに深くしずめても，ばねばかりの値は変わらなかった。

◎ 考察のポイント

●まずは自分で考察しよう。わからなければ，教科書160ページ「考察しよう」を見よう。

①それぞれのおもりを水中にしずめていく過程で，ばねばかりの値はどのように変化したか。

いずれのおもりも，ばねばかりの値は小さくなっていった。

②①の結果は，おもりの大きさによって変化したか。

大きさが異なるおもりA（大）とおもりA（小）を比べると，おもりが大きい方がばねばかりの値の変化が大きくなった。

③①の結果は，おもりの質量によって変化したか。

同じ体積で質量が異なるおもりA（大）とおもりB（大）を比べると，おもりの質量が異なってもおもりの体積が同じであれば，ばねばかりの値の変化は同じになった。

教科書 p.161

**活用　学びをいかして考えよう**

水にうく木を教科書159ページの実験4のおもりに用いて同じように調べると，結果はどうなるだろうか。木にはたらく重力と浮力の関係をもとに説明しよう。

 **解答（例）**

ばねばかりの値は少しずつ小さくなるが，木が全部しずむ前に値は0になる。

**解説**

　木が水にういているときに，木が受けている浮力の大きさは重力の大きさに等しい。また，木が受ける浮力の大きさは，水中にある部分の体積が増すほど大きくなるので，木は全部が水中にしずまなくても，重力と同じ大きさの浮力を受けるとばねばかりの値は0になる。

## 章末　学んだことをチェックしよう

❶ 力の合成と分解

1. 次の2力の合力をかきなさい。

2. 次の力を破線の方向に分解しなさい。

**解答（例）**

1.

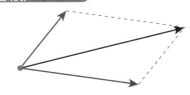

2.

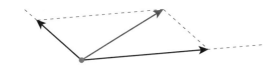

**解説**

1. 2力が一直線上にない場合，2力を2辺とする平行四辺形の対角線が合力となる。
2. 力が対角線となるような平行四辺形の2辺が分力となる。

❷ 慣性の法則

力がはたらいていないか，はたらく力の合力が0のとき，静止している物体は（　　）し続け，運動している物体はそのままの速さで（　　）を続ける。この物体の性質を（　　）という。

● 解答（例）

静止，等速直線運動，慣性

○ 解説

止まっている電車が急発進するときに，乗っている人が電車の進行方向とは逆向きによろめいたり，走行している電車が急ブレーキをかけたときに，乗っている人が電車の進行方向によろめいたりすることは，慣性の法則で説明できる。

❸ 作用・反作用の法則

物体Aが物体Bに力を加えると，同時に物体Aは同じ大きさで（　　）向きの力を受ける。

● 解答（例）

逆

○ 解説

「作用・反作用の2力」と，「つり合う2力」はちがうものであることに注意する。「作用・反作用の2力」は2つの物体それぞれにはたらく力であるが，「つり合う2力」は1つの物体にはたらく力である。

❹ 水中ではたらく力

水圧は，深いところほど（　　）なる。浮力は，しずんでいる物体の（　　）が増すほど，大きくなる。

● 解答（例）

大きく，体積

○ 解説

水圧は，水中にある物体に，あらゆる方向からはたらく圧力である。

また，浮力は，物体が全て水中にしずんでいる場合，深さに関係しない。

**教科書 p.162** 　　章末　学んだことをつなげよう

単元 **3**

運動とエネルギー

教科書162ページの図ⓐ〜ⓕを，運動の状態によって，次の①〜④に分類しよう。
　　①静止している物体
　　②動いていて，速さが変わらない物体
　　③動いていて，だんだんおそくなる物体
　　④動いていて，だんだん速くなる物体
また，それぞれの物体を，力のはたらき方によって，次のA，Bに分類しよう。
　　A　物体にはたらく力の合力が0の場合
　　B　物体にはたらく力の合力が0でない場合

● 解答（例）
　①…ⓕ
　②…ⓑ，ⓓ
　③…ⓒ，ⓔ
　④…ⓐ
　A…ⓑ，ⓓ，ⓕ
　B…ⓐ，ⓒ，ⓔ

○ 解説
　Aのように物体にはたらく力の合力が0の場合，つまり，力がはたらいていないか，はたらいていても合力が0のときは，静止していれば静止し続け，運動していればそのままの速さで等速直線運動を続ける（慣性の法則）。

 **教科書 p.162**

**Before & After**
力のはたらき方には，どのような決まりがあるのだろうか。

● 解答（例）
　力がはたらいていない，または，はたらいていても合力が0のとき，静止している物体は静止し続け，運動している物体は等速直線運動を続ける。また，速さが増加している物体には運動している向きに，速さが減少している物体には運動している向きと逆向きに，それぞれ力がはたらいている。

○ 解説
　一定の力がはたらき続けると，速さはだんだんと大きくなっていく。

# 定着ドリル

## 第 2 章　力のはたらき方

① 次の力 $F_1$, $F_2$ の合力を作図しなさい。

② 次の力 $F_3$, $F_4$ の合力を作図しなさい。

③ 力 $F$ を破線の向きに分解しなさい。

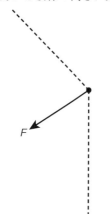

④ 図のように，天井に 2 本の糸をつけたおもりをつるしている。$F_5$, $F_6$ の力で 2 本の糸がおもりを引くとき，おもりにはたらく重力を作図して示しなさい。

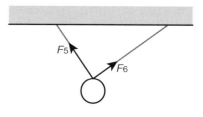

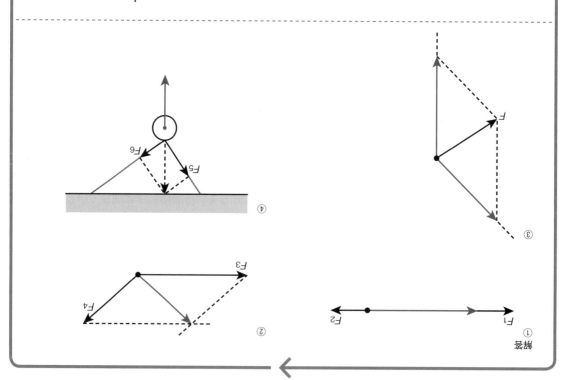

解答

# 定期テスト対策 第**2**章 力のはたらき方

解答 p.206

/100

**1** 次の問いに答えなさい。

①複数の力と同じはたらきをする 1 つの力を何というか。また，複数の力を合わせて 1 つの力にすることを何というか。

②1 つの力を分けた複数の力を何というか。また，1 つの力を複数の力に分けることを何というか。

③物体は力がはたらかないか，はたらいていても合力が 0 ならば，運動の状態を変えない。これを何の法則というか。

④物体が運動の状態を続けようとする性質を何というか。

⑤1 つの物体がもう 1 つの物体に力を加えると，同時に相手の物体から大きさが同じで逆向きの力を受ける。これを何の法則というか。

**2** 力の合成について，次の問いに答えなさい。

①ある物体に，北向きに 2N の力*A*，南向きに 6N の力*B*を加えたとき，2 力*A, B*の合力の向きと大きさを答えなさい。

②ある物体に，西向きに 4N の力*C*，北向きに 4N の力*D*を加えたとき，2 力*C, D*の合力の向きを答えなさい。

**3** スケートボードに乗っている A さんが，A さんとは別のスケートボードに乗っている B さんを，東向きに 10N の力でおした。

①A さん，B さんはそれぞれ東，西のどちらの方向に動くか。

②A さんが B さんから受けた力の向きと大きさをそれぞれ答えなさい。

**4** 水圧について，次の問いに答えなさい。

①次の（　）に当てはまる言葉を下の**ア**～**オ**から選び，記号で答えなさい。

　水圧は（　A　）方向からはたらき，水面から（　B　）なるほど大きい。

**ア** 上　　**イ** あらゆる　　**ウ** 下
**エ** 浅く　　**オ** 深く

②水中にある物体にはたらく水圧の大きさが，深さによってちがうことから生じる上向きの力を何というか。

③質量 3kg の木片が水にういているとき，木片にはたらく②は何 N か。ただし，質量 100g の物体にはたらく重力の大きさを 1N とする。

---

**1** 計35点

| ① | |
|---|---|
| | 5点 |
| | 5点 |
| ② | |
| | 5点 |
| | 5点 |
| ③ | 5点 |
| ④ | 5点 |
| ⑤ | 5点 |

**2** 計18点

| ①向き | |
|---|---|
| | 6点 |
| 大きさ | |
| | 6点 |
| ② | 6点 |

**3** 計24点

| ①A さん | |
|---|---|
| | 6点 |
| B さん | |
| | 6点 |
| ②向き | |
| | 6点 |
| 大きさ | |
| | 6点 |

**4** 計23点

| ①A | |
|---|---|
| | 5点 |
| B | |
| | 5点 |
| ② | 6点 |
| ③ | 7点 |

単元 **3** 運動とエネルギー

# 第3章 エネルギーと仕事

## これまでに学んだこと

▶**電気エネルギー**(中2) 電気のもつエネルギー。物を動かしたり，明るくしたり，熱を発生させたりできる。

▶**化学エネルギー**(中2) 物質がもっているエネルギー。化学変化によって熱などとして，物質からとり出すことができる。

▶**ふりこの運動**(小5) ふりこが1往復する時間は，ふりこの長さによって変わり，おもりの重さやふれはばによって変わることはない。

▶**ジュール**(中2) 熱量や電力量の単位に使われ，記号はJで表す。

▶**てこの規則性**(小6)

・てこを使うと，次のような場合，小さい力で重いものを動かすことができる。
　①支点と作用点の距離を短くしたとき
　②支点と力点の距離を長くしたとき

・てこを傾けるはたらきは，（力の大きさ）×（支点からの距離）で表すことができる。
　これが支点の両側で等しいとき，てこは水平につり合う。

▶**ワット**(中2) 電力の単位に使われ，記号はWで表す。

▶**物のあたたまり方**(小4)

・金属は，熱せられたところから順にあたたまっていき，やがて全体があたたまる。

・空気や水は，あたためると上に動きながら全体があたたまっていく。

●ふりこの運動

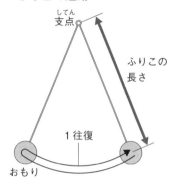

●てこの規則性

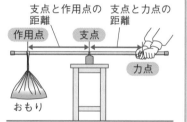

# 第1節 さまざまなエネルギー

## 要点のまとめ ✏

▶**エネルギー**　ほかの物体を動かしたり，変形させたり，熱や光を出したりするなど，さまざまな作用をすることができる能力。

 教科書 p.165

**活用　学びをいかして考えよう**

日常生活で見たり聞いたりするエネルギーは，教科書164～165ページで学習したエネルギーのうち，どのエネルギーに関係しているか，事例をあげて説明しよう。

● **解答（例）**

IH調理器…電気エネルギーを熱エネルギーにして，調理することができる。

○ **解説**

エネルギーにはさまざまな形態がある。エネルギーを利用するときは，使いやすいようにその形態を変えている。

# 第2節 力学的エネルギー

## 要点のまとめ ✏

▶**運動エネルギー**　運動している物体がもつエネルギー。物体の**速さ**が速いほど，また，物体の**質量**が大きいほど，大きくなる。

▶**位置エネルギー**　高い位置にある物体がもつエネルギー。物体の**高さ**が高いほど，また，物体の**質量**が大きいほど，大きくなる。

▶**力学的エネルギー**　運動エネルギーと位置エネルギーを合わせた総量。

▶**力学的エネルギーの保存**　外部からのはたらきかけがなければ，力学的エネルギーの総量が一定に保たれること。

● **力学的エネルギーの保存**

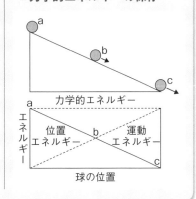

教科書 p.166

**分析解釈　調べて考察しよう**

運動エネルギーや位置エネルギーの大きさは，何によって決まるのだろうか。結果を予想してから調べよう。

**A　運動エネルギーの大きさについて調べよう**

①教科書166ページの右図のように，10個のペットボトルのキャップを台紙の上に並べ，粘土を$\frac{1}{3}$の深さまで入れたキャップをはじき，はじいたキャップの速さと動いたキャップの個数を記録する。動いたキャップは，円から少しでも出た場合，1個と数える。

②はじく強さを変えて，20回ぐらい①をくり返す。

③粘土をいっぱいまで入れて質量を大きくしたキャップで①，②を行い，はじいたキャップの速さと動いたキャップの個数を記録する。

④測定した結果をグラフにする。

● **結果（例）**

・グラフは教科書167ページの図2のようになる。

・はじくキャップの速さが速いほど，動いたキャップの個数は多くなった。

・はじくキャップの質量が大きいほど，動いたキャップの個数は多くなった。

○ **考察**

当てる物体の速さが速いほど，また質量が大きいほど，当てられた物体の動きは大きくなる。したがって，当てる**物体のもつエネルギーを大きくするもの**は，**物体の速さ**と，**物体の質量**であると考えられる。

○ **解説**

運動している物体がもっているエネルギーを**運動エネルギー**という。物体の速さが速いほど，また，質量が大きいほど，その物体のもつ運動エネルギーは大きい。

 教科書 p.167

**分析解釈　調べて考察しよう**

**B　位置エネルギーの大きさについて調べよう**

①砂や粘土の上に，同じ高さから，質量の異なる小球を落下させて，砂や粘土の変形の大きさを比較する。

②砂や粘土の上に，異なる高さから，同じ質量の小球を落下させて，砂や粘土の変形の大きさを比較する。

● **結果（例）**

①質量が大きい小球の方が，砂や粘土の変形の大きさが大きかった。

②落下させた位置が高い方が，砂や粘土の変形の大きさが大きかった。

○ **解説**

高い位置にある物体がもっているエネルギーを**位置エネルギー**という。物体の位置（高さ）が高いほど，また，質量が大きいほど，その物体のもつ位置エネルギーは大きい。

教科書 p.168

**分析解釈　調べて考察しよう**

①教科書168ページの図1のジェットコースターの⑦〜㋺の各区間の長さをものさしではかる。

②高さを基準にして，⑦〜㋺の各区間の実際の距離を算出する。実際の距離と連続写真の時間間隔から各区間の平均の速さを求める。

③ジェットコースターの位置エネルギーと運動エネルギーの変化について，表にまとめて考察する。

● **解答（例）**

①⑦⑦間…1.6 cm　⑦⑦間…2.2 cm　⑦㋐間…4.4 cm　㋐㋺間…6.8 cm

②⑦㋺間の高さはものさしではかると8.8 cm。教科書168ページの図1では⑦㋺間の実際の高さは80 m － 14 m ＝ 66 mであるから，66 ÷ 8.8 ＝ 7.5より，1 cmが7.5 mにあたる。よって，実際の距離は以下のようになる。

⑦⑦間…1.6 × 7.5 ＝ 12 より，12 m

⑦⑦間…2.2 × 7.5 ＝ 16.5 より，16.5 m

⑦㋐間…4.4 × 7.5 ＝ 33 より，33 m

㋐㋺間…6.8 × 7.5 ＝ 51 より，51 m

また，教科書168ページの図1の連続写真の撮影時間間隔は1.5秒なので，各区間の速さは以下のようになる。

⑦⑦間…$\dfrac{12\,\mathrm{m}}{1.5\,\mathrm{s}} = 8\,\mathrm{m/s}$

⑦⑦間…$\dfrac{16.5\,\mathrm{m}}{1.5\,\mathrm{s}} = 11\,\mathrm{m/s}$

⑦㋐間…$\dfrac{33\,\mathrm{m}}{1.5\,\mathrm{s}} = 22\,\mathrm{m/s}$

㋐㋺間…$\dfrac{51\,\mathrm{m}}{1.5\,\mathrm{s}} = 34\,\mathrm{m/s}$

③各地点の高さは，②のように教科書168ページの図1をものさしではかり，1 cmが7.5 mであるとして計算で求める。

また，⑦は最高点なので0 m/s，⑦〜㋺は②で求めた速さであるとして，表にまとめると以下のようになる。

| 地点 | ⑦ | ⑦ | ㋒ | ㋐ | ㋺ |
|---|---|---|---|---|---|
| 地上からの高さ（位置エネルギー） | 約80 m | 約77 m | 約66.5 m | 約36.5 m | 約14 m |
| 速さ（運動エネルギー） | 0 m/s | 8 m/s | 11 m/s | 22 m/s | 34 m/s |

ジェットコースターが下るときは，時間とともに速さが増加し，高さは低くなるので，ジェットコースターのもつ運動エネルギーは増加し，位置エネルギーは減少する。

単元 **3** 運動とエネルギー

**解説**

　初めに最も高いところで最大だった位置エネルギーは，斜面を下るとき，運動エネルギーに移り変わる。運動エネルギーは最も低いところで最大になり，そのとき位置エネルギーは最小になる。

　物体がもつ位置エネルギーと運動エネルギーを合わせた総量を，**力学的エネルギー**という。物体にはたらく摩擦や空気抵抗などを考えないとき，**物体のもつ力学的エネルギーは一定に保たれる**。このことを**力学的エネルギーの保存**という。

位置エネルギーが最大
運動エネルギーは最小

位置エネルギーが小さくなり，
運動エネルギーが大きくなる。

位置エネルギーは最小
運動エネルギーが最大

高さは減少・速さは増加

📖 **教科書 p.169**

**説明しよう**

教科書169ページの図3のようなふりこの運動では，運動エネルギーと位置エネルギーはどのように移り変わっているのだろうか。また，力学的エネルギーは保存されているのだろうか。

● **解答（例）**

　基準面での位置エネルギーを 0 とすると，両端が最高点であり，ここでの位置エネルギーが最大である。また，両端でふりこは止まるので，運動エネルギーは 0 である。基準面（最下点）では位置エネルギーが 0 になるが，このとき，速さが最大になるので，運動エネルギーは最大になる。このように，運動エネルギーと位置エネルギーは移り変わり，力学的エネルギーは保存されている。

◎ **解説**
　一瞬ではあるが，ふりこは両端で止まるので，このとき運動エネルギーは 0 になる。

📖 **教科書 p.169**

**活用　学びをいかして考えよう**

身のまわりで，力学的エネルギーが保存される例をあげよう。

 **解答（例）**

**ブランコ**

◎ **解説**

　実際には，摩擦力や空気抵抗を受けるので，だんだんとふれはばが小さくなっていく。

# 第**3**節 仕事と力学的エネルギー

## 要点のまとめ

▶**仕事** 物体に力を加えて移動させたとき, その力は物体に「仕事をした」という。仕事の単位は, **ジュール**(記号**J**)である。

  **仕事〔J〕＝物体に加えた力〔N〕**
     **×力の向きに移動させた距離〔m〕**

  力を加えても物体が移動しない場合や, 力の向きと物体が移動した向きが垂直な場合は, 仕事の大きさは0Jである。

▶**仕事と力学的エネルギー** ある物体に対して仕事をすると, その物体のもつ運動エネルギーや位置エネルギーなどのエネルギーが変化する。また, エネルギーをもっている物体は, ほかの物体に対して仕事をすることができる。

> 荷物を持ち続ける場合は, 力の方向に移動していないから, 仕事は0Jになるよ。

---

教科書 p.173～p.174

**実験5**
仕事と力学的エネルギーの関係

**結果(例)**

| 小球の初めの高さ〔cm〕 | | 10 | 20 | 30 |
|---|---|---|---|---|
| 木片の動いた距離〔cm〕 | ビー玉21g | 3.62 | 7.48 | 11.70 |
| | 鉄球　68g | 10.27 | 20.60 | 30.53 |

**結果の見方**

●小球の高さ, 小球の質量, 斜面の傾きを変えると, 木片が動く距離や小球の速さはどうなったか。

・小球の高さが高いほど, 木片が動く距離は大きく, 小球の速さは速くなった。

・小球の質量が大きいほど, 木片が動く距離は大きく, 小球の速さは速くなった。

・斜面の傾きを大きくしても, 木片が動く距離や小球の速さは変わらなかった。

**考察のポイント**

●まずは自分で考察しよう。わからなければ, 教科書174ページ「考察しよう」を見よう。

①同じ質量の小球の場合, 初めの高さと木片の動いた距離には, どのような関係があるか。

  小球の初めの位置が高いほど, 木片の動いた距離は大きくなった。

②同じ高さから転がした場合, 小球の質量と木片の動いた距離には, どのような関係があるか。

  小球の質量が大きいほど, 木片の動いた距離は大きくなった。

③同じ高さで斜面の傾きを変えた場合, 斜面の傾きと木片の動いた距離には, どのような関係があるか。

  高さが同じときは, 斜面の傾きをどのように変えても, 木片の動いた距離はほとんど変わらなかった。

◎ 解説

　小球の最初の高さが高いほど，また，小球の質量が大きいほど，木片の移動距離は大きくなるが，斜面の傾きは，木片の移動距離に関係しない。

　物体のもつ力学的エネルギーが大きいほど，ほかの物体に対してする仕事は大きくなる。

　物体のもつ力学的エネルギーの大きさは，ほかの物体にした仕事の大きさではかることができる。

 教科書 p.174

**活用　学びをいかして考えよう**

物体のもつエネルギーが変化することによって仕事をしている例をあげて，どのような仕事で，どのようにエネルギーが変化しているかを説明しよう。

● 解答（例）

建物の屋上にある貯水槽…水をくみ上げることで，水がもつ位置エネルギーが増加している。

 教科書 p.175

**練習**

教科書175ページの例題で，りんごのかわりに質量2kgのすいかを80cm持ち上げたとき，持ち上げた力がした仕事はいくらか。

● 解答（例）

**16 J**

◎ 解説

　2kg＝2000g より，すいかを持ち上げるのに必要な力の大きさは20Nである。

　80cm＝0.8m であるから，

　　　仕事＝20N×0.8m＝16J

 教科書 p.175

**確認**

質量200gの物体を摩擦力のある水平な机の上で1m動かしたとき，加えた力がした仕事と，重力がした仕事はそれぞれいくらか。ただし，摩擦力の大きさを0.1Nとする。

● 解答（例）

・**加えた力がした仕事**…0.1 J

・**重力がした仕事**…0 J

◎ 解説

・机の上にある物体を水平に動かすとき，摩擦力に逆らって仕事をするから，

　　摩擦力に逆らってした仕事＝（摩擦力）×（移動距離）＝0.1N×1m＝0.1J

・重力は，移動の向き（水平方向）に対して垂直だから，重力がした仕事は0である。

# 第4節 仕事の原理と仕事率

## 要点のまとめ

▶**仕事の原理** 斜面や滑車，てこなどの道具を使ったときも，使わなかったときも，物体が同じ状態になるまでの仕事の大きさが変わらないこと。

▶**仕事率** 1秒間あたりにする仕事。仕事率の単位は，**ワット（記号W）**である。

$$仕事率〔W〕 = \frac{仕事〔J〕}{時間〔s〕}$$

動滑車を1つ使うと，必要な力の大きさは半分になるけど，力を加える距離は2倍になるよ。

単元 **3** 運動とエネルギー

---

📖 教科書 p.177

**実験6**

滑車を使うときの仕事

---

● **結果(例)**

おもりの重さが200g，動滑車の重さが40gのとき，次のような結果になった。

|  | ①直接引き上げる | ②定滑車を使う | ③動滑車を使う |
|---|---|---|---|
| おもりにはたらく重力〔N〕 | 2.0 | 2.0 | 2.0 |
| おもりを引き上げる高さ〔m〕 | 0.10 | 0.10 | 0.10 |
| おもりがされる仕事〔J〕 | 0.20 | 0.20 | 0.20 |
| 手が加える力〔N〕 | 2.0 | 2.0 | 1.2 |
| 手を動かす距離〔m〕 | 0.10 | 0.10 | 0.20 |
| 手が加える力がする仕事〔J〕 | 0.20 | 0.20 | 0.24 |

○ **結果の見方**

●どの場合の仕事が最も大きかったか。

　動滑車を使った場合。

●どの場合の仕事が最も小さかったか。

　直接引き上げた場合と，定滑車を使った場合。

○ **考察のポイント**

●加える力の大きさと，手を動かす距離との関係はどうなるか。

・定滑車を使った場合，力の大きさ，動かす距離の両方とも，直接引き上げた場合と同じだった。

・動滑車を1つ使った場合，力の大きさは約半分になったが，ひもを引く距離は2倍になった。

**●滑車を使うと，仕事の大きさはどうなるか。**

・定滑車を使った場合も動滑車を使った場合も，仕事の大きさは，滑車を使わない場合とほとんど同じだった。

・動滑車を使った場合，仕事の大きさがほかより少し大きくなるのは，ひもを引くときに動滑車自身の重さが加わったり，ひもの摩擦があったりするからだと考えられる。

 解説

滑車やてこなどの道具を使ったときも，使わなかったときも，仕事の大きさは変わらない。

これは，道具を使った場合も，最後には同じ状態に到達するためであり，仕事の原理で説明できる。

📖 教科書 p.178

**説明しよう**

教科書178ページの図2において，Aさん，Bさんのした仕事のうち，能率がよいといえるのはどちらだろうか。

● 解答(例)

**Bさん**

 解説

仕事の能率は**仕事率**で表され，**仕事率〔W〕＝ $\dfrac{仕事〔J〕}{時間〔s〕}$** である。仕事率が大きいほど能率がよい。

また，$15\,\mathrm{kg} = 15000\,\mathrm{g}$，$30\,\mathrm{kg} = 30000\,\mathrm{g}$ だから，それぞれの荷物にはたらく重力の大きさは150 N，300 N である。

$$Aさんの仕事率 = \frac{150\,\mathrm{N} \times 2\,\mathrm{m}}{10\,\mathrm{s}} = 30\,\mathrm{W}$$

$$Bさんの仕事率 = \frac{300\,\mathrm{N} \times 2\,\mathrm{m}}{15\,\mathrm{s}} = 40\,\mathrm{W}$$

したがって，Bさんの仕事の方が能率がよいといえる。

📖 教科書 p.178

**活用　学びをいかして考えよう**

階段をかけ上がる時間をはかって，自分の仕事率を求めよう。

● 解答(例)

体重を50 kg，階段の上部までの高さが3 m，かけ上がるのにかかった時間が4秒だとすると，

50 kgにかかる重力の大きさは500 Nなので，仕事率は $\dfrac{500\,\mathrm{N} \times 3\,\mathrm{m}}{4\,\mathrm{s}} = 375\,\mathrm{W}$ である。

教科書 p.179

**練習**

摩擦力がはたらくゆかの上で質量1kgの物体に1Nの力を加え，力の向きに水平に一定の速さで4秒かけて20m移動させた。このときの加えた力がした仕事と仕事率を求めなさい。

**解答（例）**

仕事… 20 J

仕事率… 5 W

**解説**

摩擦力に逆らってした仕事は，

(摩擦力)×(移動距離) = 1 N × 20 m = 20 J

仕事率は，

$$\frac{仕事〔J〕}{時間〔s〕} = \frac{20\,J}{4\,s} = 5\,W$$

 教科書 p.179

**確認**

600 W の電子レンジで50秒かかる調理を，1500 W の電子レンジで行うと何秒かかるか。

**解答（例）**

**20秒**

**解説**

仕事率〔W〕 $= \dfrac{仕事〔J〕}{時間〔s〕}$ より，仕事〔J〕=仕事率〔W〕×時間〔s〕である。

600 W の電子レンジで50秒かかる調理に必要な仕事は，

600 W × 50 s = 30000 J

1500 W の電子レンジを使っても，調理に必要な仕事は同じだから，求める時間(秒)を $t$ とすると，

1500 W × $t$ = 30000 J

$t = 20\,s$

（別の解き方）

1500 W の電子レンジを使うと，600 W の電子レンジに比べて仕事率が $\dfrac{1500}{600} = \dfrac{5}{2}$ 倍になるから，かかる時間は $\dfrac{5}{2}$ の逆数，つまり $\dfrac{2}{5}$ 倍になる。

したがって，$50\,s × \dfrac{2}{5} = 20\,s$

単元 **3** 運動とエネルギー

# 第5節 エネルギーの変換と保存

## 要点のまとめ

▶**エネルギーの変換**　レールの上で木片をすべらせると、やがて止まる。これは、摩擦力がはたらくためである。

また、ふりこの運動は、時間がたつと止まる。これは、空気抵抗などがはたらくためである。

このように、運動している物体が静止するのは、初めにもっていた力学的エネルギーがなくなったからではなく、別のエネルギーに変換されたからである。

▶**エネルギーの保存**　エネルギー変換の前後でエネルギーの総量は変わらないこと。

▶**熱の伝わり方**

・**伝導**…固体の物質の一部を熱した場合、熱した部分から周囲の温度の低い部分へと熱が伝わる現象。

・**対流**…気体や液体を熱した場合、あたためられた物質そのものが移動して、全体に熱が伝わる現象。

・**放射**…太陽のように、熱源から空間をへだてて、はなれたところまで熱が伝わる現象。

> エネルギーには、力学的エネルギーや熱エネルギー、電気エネルギー、光エネルギー、化学エネルギー、核エネルギーなどがあるよ。

---

📖 教科書 p.181

**分析解釈　調べて考察しよう**

①プーリーつき発電機、豆電球、電流計、電圧計などを使って、豆電球1個の回路をつくる。

②おもりを1.0mの高さまで巻き上げた後、おもりを落下させて発電し、そのときの電流、電圧、落下時間を記録する。

③おもりのもつ位置エネルギーの変化量(おもりを巻き上げた仕事)と、発電した電気エネルギー(＝電圧×電流×落下時間)を求める。

④おもりのもつ位置エネルギーの変化量に対して、電力量は何%だったかを求める。

● **結果(例)**

おもりの重さが500gの場合。

|  | 電圧 | 電流 | 時間 | 電気エネルギー |
|---|---|---|---|---|
| 1回目 | 1.0V | 0.15A | 8.0秒 | 1.2J |
| 2回目 | 1.0V | 0.15A | 7.8秒 | 1.2J |
| 平均 | 1.0V | 0.15A | 7.9秒 | 1.2J |

◯ 考察

・質量100gの物体にはたらく重力の大きさを1Nとすると，おもりが500gの場合の重力がした仕事は，

　　5.0 N × 1.0 m = 5.0 J

・電気エネルギーが1.2J，重力がした仕事が5.0Jなので，発電の効率は，

　　$\dfrac{1.2\,\text{J}}{5.0\,\text{J}} \times 100 = 24$ より，24 %

・エネルギー変換の際のエネルギーの減少を少なくする対策としては，

　　おもりと発電機をつなぐたこ糸を，摩擦の少ないものに変える

　　発電機を変換効率の大きいものに変える

などが考えられる。

 教科書 p.183

**活用　学びをいかして考えよう**

利用できるエネルギーへの変換効率を高めるためには，どのようなくふうが考えられるだろうか。

● 解答（例）

**調理をするときに発生する熱によってあたためられた空気を，暖房に使う。**

◯ 解説

　エネルギーを変換するときに，全てのエネルギーを変換することはできず，必ず損失が出る。この損失になるエネルギーをうまく利用できれば，変換効率が上がる。

 教科書 p.183　　章末　学んだことをチェックしよう

**❶ 力学的エネルギー**

1. 運動している物体がもっているエネルギーを（　　）エネルギー，高い位置にある物体がもっているエネルギーを（　　）エネルギーという。

2. 上記1.の2つのエネルギーの和を（　　）エネルギーという。

● 解答（例）

1. 運動，位置

2. 力学的

**❷ 仕事と力学的エネルギー**

物体に8Nの力を加え，物体が力の向きに3m移動したときの仕事は何Jか。

● 解答（例）

**24 J**

◯ 解説

仕事〔J〕＝物体に加えた力〔N〕×力の向きに移動させた距離〔m〕＝ 8 N × 3 m = 24 J

**❸ 仕事の原理と仕事率**

道具を使って仕事をする場合，道具を使わない場合と比べて仕事の大きさは（　　）。

 **解答（例）**

同じである（変わらない）

**❹ エネルギーの変換と保存**

エネルギーを変換するときに，一部は目的とするエネルギー以外にも変換されるために失われたように見える。しかし，全体のエネルギー量は，（　　）されている。

 **解答（例）**

保存

📖 **教科書 p.183**

## 章末　学んだことをつなげよう

エネルギーは理科だけではなく，日常生活や社会とのかかわりが大きい。日常生活や社会ではどのような問題があるか。その解決方法を提案しよう。

● **解答（例）**

エネルギーとして利用できる物質として，石油や石炭，天然ガス，ウランなどがあり，これらを用いて発電をしているが，地球上に埋蔵されている量は有限であるため，いつか限界がおとずれる。そのため，新しくエネルギーとして利用できる物質の開発などが必要となる。

📖 **教科書 p.183**

**Before & After**
エネルギーとは何だろうか。

● **解答（例）**

ほかの物体に対して仕事をすることができるとき，その物体はエネルギーをもっているという。

○ **解説**

ほかの物体に対して仕事ができる能力といってもよい。

# 定着ドリル

第 **3** 章 ｜ エネルギーと仕事

次の問いに答えなさい。ただし，質量100gの物体にはたらく重力の大きさを1Nとする。

①質量150gの物体を重力に逆らって手で1m20cm持ち上げたとき，手が物体を持ち上げる力がした仕事はいくらか。

②質量120gのレモンを手で支えたとき，手がレモンを支える力がした仕事はいくらか。

③定滑車を使い，質量20kgの物体を重力に逆らって1.5mだけ高い位置に持ち上げるのに10秒かかった。このときの加えた力がした仕事と仕事率を求めなさい。

④500Wの電子レンジで3分かかる調理を，600Wの電子レンジで行うと何分何秒かかるか。

| ① |
| --- |
| ② |
| ③仕事 |
| 仕事率 |
| ④ |

解答 ①1.8J ②0J ③仕事…300J，仕事率…30W ④2分30秒

# 定期テスト対策

第**3**章 エネルギーと仕事

解答 p.206

/100

**1** 次の問いに答えなさい。

①ほかの物体を動かしたり，変形させたりすることができる物体がもっているものは何か。

②運動している物体がもつ①を何というか。

③②を大きくするためには，物体の何を大きくすればよいか。2つ答えなさい。

④高い位置にある物体がもつ①を何というか。

⑤④を大きくするためには，物体の何を大きくすればよいか。2つ答えなさい。

⑥②と④の総量を何というか。

⑦摩擦や空気抵抗などを考えないとき，⑥の大きさは一定に保たれる。このことを何というか。

⑧物体に力を加えてある向きに移動させたとき，力がその物体に対してしたことを何というか。

⑨⑧は何と何の積で求められるか。また，⑧の単位は何か。

⑩1秒間あたりにする⑧のことを何というか。また，この単位は何か。

⑪物体が同じ状態になるまでの⑧の大きさは，どんな方法を使っても同じである。これを何というか。

⑫物体の中で高温の部分から低温の部分へと熱が伝わる現象を何というか。

⑬気体や液体の状態で，あたためられた物質が移動して，全体に熱が伝わる現象を何というか。

⑭光源や熱源から空間をへだてて，はなれたところまで熱が伝わる現象を何というか。

⑮エネルギーの総量が，エネルギーの移り変わりの前後で一定に保たれることを何というか。

**2** 質量6kgの物体を1.5mの高さまで持ち上げるとき，次の問いに答えなさい。ただし，100gの物体にはたらく重力の大きさを1Nとし，滑車の質量やひもの摩擦は考えないものとする。

①手で真上に持ち上げるとき，手がした仕事の大きさは何Jか。

②定滑車を使って静かに持ち上げるとき，ひもを引く力の大きさと長さを求めなさい。

③動滑車を1つ使って静かに持ち上げるとき，ひもを引く力の大きさと長さを求めなさい。

---

**1** 計80点

| | |
|---|---|
| ① | 4点 |
| ② | 4点 |
| ③ | 4点 |
| | 4点 |
| ④ | 4点 |
| ⑤ | 4点 |
| | 4点 |
| ⑥ | 4点 |
| ⑦ | 4点 |
| ⑧ | 4点 |
| ⑨ | 4点 |
| | 4点 |
| ⑩ | 4点 |
| | 4点 |
| ⑪ | 4点 |
| ⑫ | 4点 |
| ⑬ | 4点 |
| ⑭ | 4点 |
| ⑮ | 4点 |

**2** 計20点

| | |
|---|---|
| ① | 4点 |
| ②力の大きさ | 4点 |
| 長さ | 4点 |
| ③力の大きさ | 4点 |
| 長さ | 4点 |

教科書 p.188

## 確かめと応用 ｜ 単元 3 ｜ 運動とエネルギー

単元 3 運動とエネルギー

### 1 物体の運動

右のグラフは，エレベーターが動き出してから止まるまでの運動の，速さと時間の関係を表している。

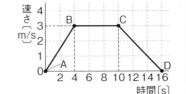

❶AB間，BC間，CD間のエレベーターの速さについて，適切なものを次のア〜ウからそれぞれ選びなさい。

　ア　速さは変わらない。

　イ　だんだんおそくなる。

　ウ　だんだん速くなる。

❷AB間，BC間の平均の速さはそれぞれ何m/sか。

❸❷に対して，非常に短い時間に移動した距離をもとに求めた，刻々と変化する速さを何というか。

❹❷で求めたBC間の平均の速さをkm/hで答えなさい。

❺この16秒間でエレベーターが動いた距離は何mか。

● 解答（例）

❶AB間…ウ　　BC間…ア　　CD間…イ

❷AB間…1.5m/s　　BC間…3m/s

❸瞬間の速さ

❹10.8km/h

❺33m

○ 解説

❶グラフより，エレベーターの速さは，AB間ではだんだん速く，CD間ではだんだんおそくなっていることがわかる。

❷AB間では速さは一定の割合で大きくなっているので，平均の速さは，$\dfrac{0\,\text{m/s}+3\,\text{m/s}}{2}=1.5\,\text{m/s}$

BC間では速さが3m/sで一定なので，平均の速さも3m/s

❹1時間は3600秒なので，1時間に進む距離は，$3\,\text{m/s}\times3600\,\text{s}=10800\,\text{m}=10.8\,\text{km}$ となるので，10.8km/hである。

❺CD間の平均の速さは，$\dfrac{3\,\text{m/s}+0\,\text{m/s}}{2}=1.5\,\text{m/s}$ なので，エレベーターが動いた距離は，

$1.5\,\text{m/s}\times(4-0)\,\text{s}+3\,\text{m/s}\times(10-4)\,\text{s}+1.5\,\text{m/s}\times(16-10)\,\text{s}=6\,\text{m}+18\,\text{m}+9\,\text{m}=33\,\text{m}$

# 確かめと応用 ｜ 単元 3 ｜ 運動とエネルギー

## 2 運動の記録

図1のように，Aから力学台車を静かにはなし，1秒間に60打点する記録タイマーを使って，力学台車の運動を調べた。図2はこのときの記録テープの一部である。

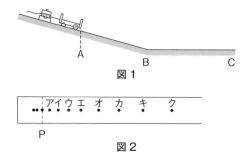

図1

❶打点Pを基準点としたとき，0.1秒後の打点はどこか。図2のア〜クから選びなさい。

❷打ち始めのいくつかの打点が使われていないのはなぜか，説明しなさい。

❸記録テープを0.1秒ごとに切り，それらの長さを右の表にまとめた。テープbが記録されたとき，台車の平均の速さは何cm/sか。

❹台車が図1のBC間に到達（とうたつ）したことがわかるのはどのテープからか。最初のテープを表のa〜fから選びなさい。

❺台車が動き始めてからの，台車の速さと時間の関係を表しているグラフを次のア〜エから選びなさい。

| テープ | テープの長さ〔cm〕 |
|---|---|
| a | 3.5 |
| b | 6.1 |
| c | 8.7 |
| d | 10.0 |
| e | 10.0 |
| f | 10.0 |

ア　イ　ウ　エ
（速さ−時間のグラフ）

---

● 解答（例）

❶カ

❷打点が重なっていて，はっきりしないため。

❸61 cm/s

❹d

❺エ

○ 解説

❶1秒間に60打点する記録タイマーなので，0.1秒間では6打点する。

❸ $\dfrac{6.1\,\text{cm}}{0.1\,\text{s}} = 61\,\text{cm/s}$

❹BC間では等速直線運動をするので，テープの長さは一定になる。

❺AB間では，力学台車の進行方向に一定の大きさの力がはたらくので，力学台車の速さは一定の割合で速くなる。BC間では，テープの長さが一定であるから，等速直線運動をしている。

# 確かめと応用 　単元 3 　運動とエネルギー

## 3 力の合成

図1，2はXさんとYさんが，それぞれ矢印の方向に小
船を引いているようすである。

❶図1，2のそれぞれの合力を作図しなさい。1目盛り
　が1Nのとき，図1の合力の大きさは何Nか。

❷❶の結果から，XさんとYさんがそれぞれ同じ大きさ
　の力のまま小船を引くとき，2力の間の角度が大きく
　なるほど，合力の大きさはどうなるか。

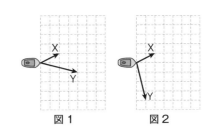

図1　　　　図2

### 解答（例）

❶

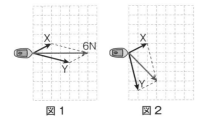

図1　　　図2

❷小さくなる。

### 解説

❶Xさん，Yさんが引く力を表す矢印を2辺とする平行四辺形の対角線が，合力を表す矢印になる。

❷Xさん，Yさんが引く力の大きさは変わらないので，角度が大きくなると，合力を表す平行四辺形の
　対角線の長さが短くなる。

# 確かめと応用 　単元 3 　運動とエネルギー

## 4 力の分解

右図は，斜面に置いた物体を糸で引いて支えているようすである。矢印
Wは物体にはたらく重力を表している。方眼紙1目盛りを2Nとする。

❶重力Wを斜面に垂直な分力Aと斜面に平行な分力Bに分解し，図中に
　それぞれかきなさい。

❷斜面に平行な力の大きさは何Nか。

❸糸が物体を引く力Cを図中にかきなさい。

❹斜面の傾きを大きくしていくと，分力Aと分力Bの大きさはそれぞれ
　どうなるか。

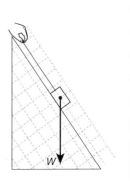

● 解答(例)

**❶, ❸**

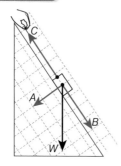

**❷** 8N

**❹** 斜面に垂直な分力Aは小さく,斜面に平行な分力Bは大きくなる。

○ 解説

**❶** Wが対角線になる平行四辺形を考える。ここでは,長方形になる。

**❷** ❶より,斜面に平行な分力Bの大きさは方眼紙4目盛り分である。

**❸** 分力Bとつり合う力(一直線上にあり,大きさが等しく,逆向きの力)をかければよい。

**❹** 傾きが大きくなると,分力Bの大きさがWに近づいていき,分力Aの大きさは小さくなっていく。

 教科書 p.188〜p.189

# 確かめと応用 | 単元 **3** | 運動とエネルギー

**5 慣性の法則**

電車のつりかわのようすを観察した。

**❶** 電車が一定の速さで走っているとき,電車に乗っている人が真上にジャンプした場合,ジャンプした人は,図1のA,B,Cのどの位置に着地すると考えられるか。また,その理由を簡単に答えなさい。

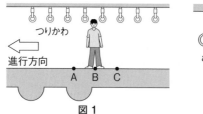

図1

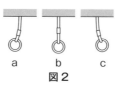

図2

**❷** 次のア〜ウのとき,電車のつりかわはどのようになるか。図2のa,b,cからそれぞれ選びなさい。

　ア　電車が動きだした瞬間

　イ　一定の速さで走っているとき

　ウ　急ブレーキをかけた瞬間

**❸** ❶❷のような現象が起こるのは,物体の何という性質によるか。

● 解答（例）

❶B

理由…この人も電車の進行方向に電車と同じ速さで等速直線運動をしており，慣性<sub>かんせい</sub>によってそのまま運動を続けるため。

❷ア…c　　イ…b　　ウ…a

❸慣性<sub>かんせい</sub>

○ 解説

❶電車に乗ってジャンプした人も，電車の進行方向に等速直線運動をしているので，着地点は電車内の同じ位置になる。

❷❸慣性の法則より，アのときのつりかわは静止し続けようとし，ウのときのつりかわは等速直線運動をし続けようとする。

 教科書 p.189

# 確かめと応用 | 単元3 | 運動とエネルギー

## ❻ 浮力

Aのように，物体をばねばかりにつり下げると，ばねばかりの目盛りは1.2Nを示した。この物体を，ばねばかりの目盛りを見ながらビーカーの水にB，Cのようにしずめていった。Cのとき，目盛りは0.8Nを示した。

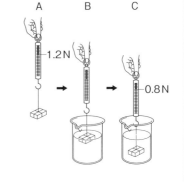

❶物体をAからCのように水中にしずめるとき，物体にはたらく重力の大きさはどうなるか。

❷Cのときに示される目盛りがAのときより小さいのは，物体に何という力がはたらいたからか。

❸Cのとき，物体にはたらく❷の力の大きさは，何Nか。

❹水中にある物体をBからCのようにしずめるとき，ばねばかりの目盛りはどうなるか。

❺物体をCよりもさらに深くしずめると，ばねばかりの目盛りはどうなるか。ただし，物体は容器の底につかないものとする。

● 解答（例）

❶変わらない。

❷浮力<sub>ふりょく</sub>

❸0.4N

❹小さくなった。

❺変わらない。

○ 解説

❶重力の大きさが変わることはない。

❸物体を水中にしずめたときのばねばかりの値は，重力と浮力の合力<sub>あたい</sub>（重力−浮力）を表している。よって，1.2N − 0.8N = 0.4N

❹❺浮力の大きさは，水中にある部分の体積が増すほど大きいので，物体が全て水中にしずむまでは浮力は大きくなり，ばねばかりの目盛りは小さくなる。物体が全て水中にしずんでしまうと，浮力はそれ以上大きくならないので，ばねばかりの目盛りは変わらない。

📖 教科書 p.189

# 確かめと応用 ｜ 単元 **3** ｜ 運動とエネルギー

### ⑦ 力学的エネルギーの保存

ふりこの運動を観察し，位置エネルギーと運動エネルギーの変換について考えた。

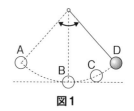
図1

❶図1のA〜Dのそれぞれの位置のふりこがもつ位置エネルギー，運動エネルギーについて，最も大きくなる位置，最も小さくなる位置を，それぞれ全て選びなさい。

❷図1のA〜Dのそれぞれの位置のふりこがもつ力学的エネルギーについて正しいものを，次のア〜エから選びなさい。

　ア　AとDが最も大きい。

　イ　Bが最も大きい。

　ウ　Cが最も大きい。

　エ　どれも変わらない。

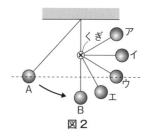
図2

❸図2のように，くぎをとりつけたところ，AをはなれたふりこがBにきたとき，くぎにひっかかった。その後，ふりこの上がる高さはどこか。最も近いものを，図2のア〜エから選びなさい。

❹実際のふりこの運動では，初めの高さまで上がることはできない。その理由を答えなさい。

### ● 解答（例）

❶位置エネルギー最大…AとD　　位置エネルギー最小…B

　運動エネルギー最大…B　　　　運動エネルギー最小…AとD

❷エ

❸ウ

❹力学的エネルギーが保存されないため。

### ○ 解説

❶A，Dでは，基準面（Bの高さ）からの高さが最も高いので，位置エネルギーは最大になる。このとき，物体は一瞬，静止するので運動エネルギーは0（最小）になる。また，Bでは，位置エネルギーが0（最小）になるが，ふりこの速さは最も速いので，運動エネルギーは最大になる。

❷力学的エネルギーは保存される。

❸最初の高さと同じ高さまで上がる。

❹実際には摩擦や空気抵抗があるため，ふりこのふれはばがだんだんと小さくなっていく。

教科書 p.189

# 確かめと応用

単元 **3** 運動とエネルギー

単元
**3**
運動とエネルギー

## 8 仕事の原理と仕事率

質量3kgの物体を5mの高さまで引き上げるのに，Aは定滑車，Bは定滑車と動滑車，Cは斜面を使った。ひもや滑車の質量，摩擦は考えないものとし，100gの物体にはたらく重力の大きさを1Nとする。

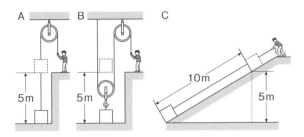

❶Aの仕事の大きさは，何Jか。

❷Aがこの仕事を15秒かけて行ったときの仕事率は何Wか。

❸Bの動滑車を1つ使った場合は，Aの動滑車を使わない場合と比べて，ひもを引く力の大きさと，ひもを引く距離はそれぞれどうなるか。

❹仕事の原理がなり立つとすると，Cがひもを引いた力は何Nか。

### ● 解答（例）

❶ 150 J

❷ 10 W

❸ ひもを引く力は半分に，距離は2倍になる。

❹ 15 N

### ○ 解説

❶ 3kgの物体にかかる重力は30Nなので，

仕事〔J〕＝物体に加えた力〔N〕×力の向きに移動させた距離〔m〕＝ 30 N × 5 m ＝ 150 J

❷ 仕事率〔W〕＝ $\dfrac{\text{仕事〔J〕}}{\text{時間〔s〕}}$ ＝ $\dfrac{150 \text{ J}}{15 \text{ s}}$ ＝ 10 W

❸ Bでは2本のロープで物体を支えているので，ひもを引く力は半分になる。しかし，Bではひもを1m引いても物体は50cmしか上がらないので，5m上げるためには，10m引く必要がある。

❹ 仕事の原理がなり立つので，A，B，Cいずれの仕事の大きさも等しい。

求める力の大きさを$x$とすると，

仕事〔J〕＝物体に加えた力〔N〕×力の向きに移動させた距離〔m〕より，

150 J ＝ $x$ × 10 m であるから，$x$ ＝ 15 N

教科書 p.190　活用編

# 確かめと応用　単元 3　運動とエネルギー

## 1 物体の運動

まさおさんの一家は，ハイブリッド車に乗ってA地点からF地点までドライブをした。表はそのときの各地点までの距離と到着時刻をまとめたものである。また，図1は，ドライブ中のある場面における発進から停止までの車の動きについて，縦軸を速さ，横軸を時間にしてグラフで表したものである。

| 地点 | A | B | C | D | E | F |
|---|---|---|---|---|---|---|
| A地点からの距離〔km〕 | 0 | 7 | 12 | 28 | 34 | 50 |
| 到着時刻〔分〕 | 8：00 | 8：21 | 8：41 | 9：13 | 9：43 | 10：31 |

❶各地点間の平均の速さを比べたとき，最も速い区間を，次のア〜オから選びなさい。

　ア　AB間　　イ　BC間　　ウ　CD間
　エ　DE間　　オ　EF間

❷車に乗ったときにシートベルトをつけなければならない理由を，「慣性」という語を用いて説明しなさい。

❸発進から停止までの移動距離が，図1のときと同じになるグラフを，図2のア〜エから全て選びなさい。

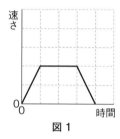
図1

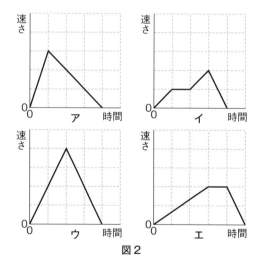
図2

❹ハイブリッド車は，バッテリー内の充電量が減ってくると，1)ガソリンエンジンが始動して車載の発電機を動かして電気をつくり，バッテリーに充電するしくみがある。この下線1)の流れをエネルギー変換で表すと，ガソリンの化学エネルギーから始まり，エネルギー変換ア，イ，ウを経て，バッテリー内に化学エネルギーとしてためられることになる。ア，イ，ウに入るエネルギーの名称を答えなさい。

　化学エネルギー →（　ア　）→（　イ　）→（　ウ　）→ 化学エネルギー

❺図3は，車を下り坂に停車して，車が静止している図である。その
ときにかかる摩擦力（まさつりょく）の大きさを矢印で表している。矢印の長さから，
車にかかる重力の大きさを表す矢印を点Pから作図しなさい。

❻図3で，この車に大人が何人か乗りこんだ場合，車と斜面（しゃめん）との間の
摩擦力は大きくなる。車にかかる重力の大きさは大きくなるが，斜
面との間にはたらく摩擦力の大きさは変えないようにしようと考え
る場合，最も適切に述べているものを，次のア～エから選びなさい。

ア　車を図3より急な下り坂に置けばよい。

イ　車を図3よりゆるやかな下り坂に置けばよい。

ウ　車を図3と同じ下り坂に置けばよい。

エ　重力の大きさが増えているので摩擦力を同じにすることはでき
　　ない。

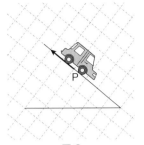

図3

● 解答（例）

❶ウ

❷急ブレーキがかかったときに，慣
性によってからだが前に投げ出さ
れないようにするため。

❸ア，エ

❹ア…熱エネルギー
　イ…運動エネルギー
　ウ…電気エネルギー

❺右図

❻イ

○ 解説

❶各区間のかかった時間は，次のようになる。

ア：ＡＢ間…8：00～8：21なので，21分

イ：ＢＣ間…8：21～8：41なので，20分

ウ：ＣＤ間…8：41～9：13なので，32分

エ：ＤＥ間…9：13～9：43なので，30分

オ：ＥＦ間…9：43～10：31なので，48分

よって，

各区間の平均の速さは，次のようになる。

ア：ＡＢ間…$\dfrac{7\,\text{km}-0\,\text{km}}{21\,分}=\dfrac{7\,\text{km}}{\frac{21}{60}\,\text{h}}=20\,\text{km/h}$

イ：ＢＣ間…$\dfrac{12\,\text{km}-7\,\text{km}}{20\,分}=\dfrac{5\,\text{km}}{\frac{20}{60}\,\text{h}}=15\,\text{km/h}$

$$\text{ウ：CD間}\cdots\frac{28\,\text{km}-12\,\text{km}}{32\,\text{分}}=\frac{16\,\text{km}}{\frac{32}{60}\,\text{h}}=30\,\text{km/h}$$

$$\text{エ：DE間}\cdots\frac{34\,\text{km}-28\,\text{km}}{30\,\text{分}}=\frac{6\,\text{km}}{\frac{30}{60}\,\text{h}}=12\,\text{km/h}$$

$$\text{オ：EF間}\cdots\frac{50\,\text{km}-34\,\text{km}}{48\,\text{分}}=\frac{16\,\text{km}}{\frac{48}{60}\,\text{h}}=20\,\text{km/h}$$

❷車のブレーキをかけても，乗っている人は慣性によって進行方向に運動し続けようとする。

❸各区間の平均の速さを求めて，移動距離を計算すればよい。縦軸の1目盛りを1m/s，横軸の1目盛りを1秒とすると，それぞれの移動距離は以下のようになる。

$$\text{図1}\cdots\frac{0\,\text{m/s}+2\,\text{m/s}}{2}\times(1-0)\,\text{s}+2\,\text{m/s}\times(3-1)\,\text{s}+\frac{2\,\text{m/s}+0\,\text{m/s}}{2}\times(4-3)\,\text{s}$$
$$=1\,\text{m}+4\,\text{m}+1\,\text{m}=6\,\text{m}$$

$$\text{ア}\cdots\frac{0\,\text{m/s}+3\,\text{m/s}}{2}\times(1-0)\,\text{s}+\frac{3\,\text{m/s}+0\,\text{m/s}}{2}\times(4-1)\,\text{s}$$
$$=\frac{3}{2}\,\text{m}+\frac{9}{2}\,\text{m}=6\,\text{m}$$

$$\text{イ}\cdots\frac{0\,\text{m/s}+1\,\text{m/s}}{2}\times(1-0)\,\text{s}+1\,\text{m/s}\times(2-1)\,\text{s}$$
$$+\frac{1\,\text{m/s}+2\,\text{m/s}}{2}\times(3-2)\,\text{s}+\frac{2\,\text{m/s}+0\,\text{m/s}}{2}\times(4-3)\,\text{s}$$
$$=\frac{1}{2}\,\text{m}+1\,\text{m}+\frac{3}{2}\,\text{m}+1\,\text{m}=4\,\text{m}$$

$$\text{ウ}\cdots\frac{0\,\text{m/s}+4\,\text{m/s}}{2}\times(2-0)\,\text{s}+\frac{4\,\text{m/s}+0\,\text{m/s}}{2}\times(4-2)\,\text{s}$$
$$=4\,\text{m}+4\,\text{m}=8\,\text{m}$$

$$\text{エ}\cdots\frac{0\,\text{m/s}+2\,\text{m/s}}{2}\times(3-0)\,\text{s}+2\,\text{m/s}\times(4-3)\,\text{s}+\frac{2\,\text{m/s}+0\,\text{m/s}}{2}\times(5-4)\,\text{s}$$
$$=3\,\text{m}+2\,\text{m}+1\,\text{m}=6\,\text{m}$$

❹ガソリンを燃焼させて，発電機を動かして，電流を発生させる。

❻車が下り坂に停車しているとき，車と斜面との間の摩擦力と，重力の斜面下向きの分力がつり合っている。斜面との間にはたらく摩擦力の大きさを変えないためには，大きくなった重力の斜面下向きの分力を図3と同じにする必要があり，そのためにはゆるやかな下り坂にすればよい。

## 確かめと応用 単元3 運動とエネルギー

### 2 仕事率

図1は，人が，質量20kgの箱を定滑車を使って引き上げようとしているようすである。れんさんとゆいさんの会話を読み，以下の問いに答えなさい。ただし，質量100gの物体にかかる重力の大きさを1Nとする。

**れんさん**「図1の場合，1)動滑車を1つ追加して使うと，力の大きさを半分にできるよ。」

**ゆいさん**「動滑車を使えば，仕事も半分になるね。」

**れんさん**「いや，2)仕事は半分にならないよ。」

**ゆいさん**「じゃあ，ほかに何が変わるの。」

**れんさん**「単位時間あたりにした仕事である仕事率が変わるよ。仕事率の単位には，電力の単位と同じワット（W）が使われているよ。」

**ゆいさん**「電力の単位も仕事率の単位も同じものだから，例えば，900Wの電子レンジを15秒使用したときの仕事は，体重60kgの人が，（ ア ）mの高さまで持ち上げられたときの仕事と同じになるね。」

❶下線1)にあるとおり，動滑車を使った場合，どのような図になるか。動滑車，定滑車，箱，ロープを図2に正しくかき入れなさい。

❷下線2)の理由を仕事の原理をもとに答えなさい。

❸文中の空欄（ ア ）に当てはまる数値を答えなさい。

図1

図2

### 解答（例）

❶

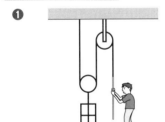

❷仕事の原理から，道具を使っても仕事は変わらない。

❸22.5

### 解説

❸求める値を$x$とすると，60kgの人にかかる重力の大きさは600Nなので，

600N $\times$ $x$ ＝ 900W $\times$ 15s より，$x$ ＝ 22.5m

📖 教科書 p.191　**活用編**

# 確かめと応用　単元 **3**　運動とエネルギー

**3** 力学的エネルギー

下図のように，ループ型のジェットコースターのモデルをつくった。A点から静かに鉄球をすべらせ，B→C→D→E点と通り，F点を通過するコースになっている。空気抵抗や摩擦は考えないものとして，以下の問いに答えなさい。

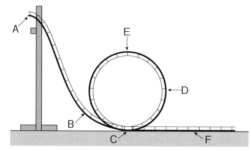

❶各点A，B，C，D，Eをあるエネルギーの大きい順に並べると，A→E→D→B→Cになる。あるエネルギーとは何か，名称を答えなさい。

❷鉄球が，F点を通過するときの速さを大きくする方法として適切なものを，次のア～エから選びなさい。

　ア　F点をよりループに近い方に移動する。

　イ　ループの直径を小さくする。

　ウ　ループの直径を大きくする。

　エ　転がし始める位置をより高くする。

❸❷で，その答えを選んだ理由を，「位置エネルギー」「運動エネルギー」という2つの語を用いて説明しなさい。

❹実際の遊園地にあるジェットコースターは，位置エネルギー全てが運動エネルギーに変わるわけではない。その理由を答えなさい。

● 解答（例）

❶位置エネルギー

❷エ

❸すべり始めの位置を高くすると位置エネルギーが大きくなり，F点を通過するときの運動エネルギーも大きくなるため。

❹音エネルギー，熱エネルギーなどにも変わるから。

○ 解説

❶A→E→D→B→Cが基準面から高い順になっていることに着目する。

❷❸力学的エネルギーの保存より，運動エネルギーと位置エネルギーの総量が一定に保たれるので，F点を通過する運動エネルギーを大きくするためには，位置エネルギーを大きくする必要がある。

❹実際の遊園地のジェットコースターでは，車輪の音が聞こえることなどから考える。

単元

4

地球と宇宙

プロローグ # 星空をながめよう

## これまでに学んだこと

▶ **太陽と月の特徴**(小6)　太陽は自ら強い光を出している。月は自ら光を出さないが，太陽の光を反射して光っているように見える。

太陽も月も，球形をしている。

> 月の形が日によって変わって見えるのは，太陽と月の位置関係が毎日少しずつ変わっていくからだったね。

---

プロローグ # 星空をながめよう

## 要点のまとめ ✏

> 恒星の明るさは1等星，2等星などと表されるよ。

▶ **恒星**　太陽のように，自ら光や熱を出してかがやく天体のこと。

▶ **クレーター**　円形でくぼんだ地形のこと。月などの表面に見られる。

---

 **教科書 p.194**

**継続観察をしよう**

同じ星や星座を時刻や日付を変えて観察し，同じ記録用紙に記録する。

◎ 観察のアドバイス

①夜の観察では，家の人といっしょに行うようにする。交通量の多い道路など，事故にまきこまれやすい場所の近くは避ける。

ほかの人の邪魔にならないような場所を選ぶ。

②昼間も夜も位置が変わらず，はっきりと見えるものを目印にする。

③後でわからなくならないように，星の特徴を書いておくとよい。

星座以外の星についても記録しておこう。

④星の位置は，目印と比べて記録するとよい。

教科書 p.195

**調べよう**

月の形と見える位置について，数日間調べてみよう。どのような変化が見られるだろうか。

①**観察する場所を決める**

　日の入り前に，目印になる建物や木などを見つけて観察地点を決め，南を向いて立ち，西の空から東の空にかけての地形の輪郭(りんかく)をスケッチする。

②**月を観察する**

　日の入り直後の同じ時刻に，月の位置と形を約1週間かけて毎日記録する。

◎ **観察のアドバイス**

・夜間の観察は，自宅から近い安全な場所を選び，家の人といっしょに行う。

・地上の建物，鉄塔，電柱などの基準を決めて，月の位置を調べる。

・方位磁針などを使って，方位を確認(かくにん)する。

・三日月のころから観察を開始するとよい。

● **結果（例）**

教科書225ページの図3のようにスケッチできればよい。

## 第**1**節 　太陽

# 要点のまとめ

▶**太陽**(たいよう)　地球から表面を直接観測できる恒星。高温の気体でできていて，自ら光を放っている。

▶**黒点**(こくてん)　太陽の表面にある黒い斑点(はんてん)。**まわりよりも温度が低い**（約4000℃）。

▶**コロナ**　太陽をとり巻く高温のガスの層。

▶**黒点の観察**　太陽の表面を毎日観察し，黒点のようすを記録すると，次のようなことがわかる。

・黒点は，太陽の表面を**東から西に移動**する。

　このことから，**太陽は自転**(じてん)していることがわかる。

・黒点は，太陽の周辺部にあるときはだ円形をしているが，中央付近にくると円形をしている。

　このことから，太陽は球形をしていることがわかる。

▶**自転**(じてん)　天体が，その中心を通る線を軸(じく)にして，自分自身が回転すること。

太陽の活動が活発なときには，電波障害が起きて無線通信が困難になったり，オーロラが見えたりするよ。

教科書 p.197

**観察 1**

太陽の黒点の観察

◎ **観察のアドバイス**

・太陽は非常に強い光を放ち，目をいためるため，肉眼や望遠鏡で太陽を直接見てはいけない。

・望遠鏡のファインダーは，のぞくことができないようにふたをするか，とり外しておく。

・望遠鏡の影を利用して，太陽を視野に入れるようにする。

・太陽～望遠鏡～太陽投影板が一直線に並ぶように調節する。また，太陽投影板を接眼レンズに近づけると，太陽の像は小さくなる。

・望遠鏡で見る像は，通常，上下左右が逆になっている。

◎ **結果の見方**

●**表面に見えるものの形や位置は，どのように変化したか。**

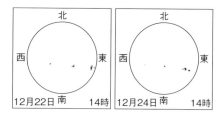

・黒点は，地球から見ると，東から西に移動していった。

・太陽の周辺部にあったときはだ円形に見えた黒点が，中央部にくると円形に見えた。

◎ **考察のポイント**

●**表面の変化のようすから太陽についてどのようなことがいえるだろうか。**

・黒点の形の変化から，太陽は球形をしていると考えられる。

・黒点の移動のようすから，**太陽は自転している**と考えられる。

 教科書 p.199

**活用　学びをいかして考えよう**

太陽の活動が活発になって，電波障害が起きると私たちの生活にどのような影響があるか具体的に考えてみよう。

● **解答（例）**

　太陽からは光や熱のほかにも，太陽風とよばれる，陽子や電子などの強いエネルギーをもった粒子が放出されている。地球上の生物が太陽風を多く受けると命にかかわるが，太陽風は地球の磁界によってさえぎられている。太陽の活動が活発になると，より強い太陽風が地球に到達し，地球の磁界が乱れ（磁気嵐），人工衛星や通信機器などに影響をおよぼすと考えられる。

# 第1章 地球の運動と天体の動き

## これまでに学んだこと

▶ **太陽の1日の動き**(小3)　日かげは，日光(太陽の光)をさえぎる物があると，太陽の反対側にできる。

　太陽は，東から出て南の高いところを通り，西にしずむ。

　太陽はいつも少しずつ動いているので，日かげの位置も変わる。

▶ **月や星の1日の動き**(小4)　月は，太陽のように東から南を通って西に絶えず動いている。

　月は，日によってちがった形に見える。

　星や星座は，時間がたつと位置が変わるが，並び方は変わらない。

## 第1節 太陽の1日の動き

### 要点のまとめ

▶ **天球（てんきゅう）**　天体の位置や動きを表すための，見かけ上の球体の天井（てんじょう）。

▶ **天頂（てんちょう）**　天球面上で観測者の真上の点。

▶ **子午線（しごせん）**　天球面上で天頂と南北を結ぶ線。

▶ **天体の位置**　方位角と高度(地平線から天体までの角度)で表す。

▶ **地球の自転**　地球は，北極と南極を結ぶ**地軸（ちじく）**を中心に1日1回，**西から東に自転**している。これを北極点の真上から見ると，**地球は反時計回りに自転**している。

　地軸は，地球が公転している平面(公転面)に垂直な方向から，$23.4°$傾（かたむ）いている。

▶ **太陽の1日の動き**　太陽は，東の空から南の空を通って，西の空にしずむ。太陽は，**天球上を一定の速さで動く**。

　天体が天頂より南側で子午線を通過することを**南中（なんちゅう）**という。**このときの高度が1日のうちで最も高くなる**。このときの時刻を**南中時刻**といい，そのときの高度を**南中高度（なんちゅうこうど）**という。

　地球上の各地点の正午は，その地点での太陽の南中時刻である。

● **天体の位置の表し方**

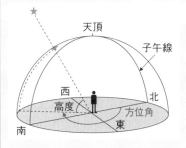

> ▶**太陽の日周運動**　太陽の1日の動きは，**地球が自転している**
> **ための見かけの動き**である。
>
> 　地球が，**西から東の向きに自転している**ため，天球上の太
> 陽は，東から西に動くように見える。この見かけの動きを，
> 太陽の**日周運動**という。
>
> 　観測地の緯度が異なると，太陽の南中高度が変わるため，
> 太陽の動き方はちがって見える。

例えば南半球のシドニーでは，北の空で太陽が最も高くなるよ。

---

 教科書 p.203

**観察2**

太陽の1日の動き

---

◎　観察のアドバイス

・太陽の光は非常に強いので，肉眼で太陽を直接見ないようにする。

◎　結果の見方

●点をなめらかな線で結び，結んだ線を延長すると，**透明半球のふちと交わったところは何を表してい**
**る**だろうか。

　太陽の軌跡が透明半球のふちと交わる点は，東側が日の出の位置，西側が日の入りの位置を表してい
る。

●**1時間ごとに太陽が動く透明半球上での長さは変化している**だろうか。

　1時間おきに記録した印は，太陽の軌跡の上にほぼ等間隔に並んだ。

◎　考察のポイント

●一定時間ごとに観測した点の間の距離はどのようになっているだろうか。

　間隔は変わらないことから，地球の自転の速さが一定であることがわかる。

●点をなめらかな線で結んだり，結んだ線を延長させたりすると何がわかるだろうか。

　天球上の太陽の通り道や，日の出，日の入りの位置がわかる。

---

 教科書 p.204

**モデルを使って考えよう**

教科書204ページの図2のようなモデルで地球を自転させると，太陽の動き方は観察結果と同じに
なるだろうか。また，天球上を太陽が一定の速さで動くことから，地球の自転について何がわ
かるだろうか。

---

●　解答（例）

・太陽の動き方は観察結果と同じになる。

・地球が西から東に向かって，一定の速さで自転していることがわかる。

 教科書 p.204

**調べよう**

地球儀（ちきゅうぎ）と小型透明半球を使って太陽の動きを調べよう

①一方から光を当てた地球儀を回転させ，日の出の方位が東西どちらになるかを調べて自転の向きを確認（かくにん）する。

②小型透明半球を地球儀にのせて地球儀を自転の向きに回転させ，太陽の動きを小型透明半球上に教科書203ページの観察2と同じように記録する。（南緯35°のアルゼンチンでも同様に記録しよう。）

● **結果（例）**

①地球儀を，地軸の北極側から見ると，反時計回りに自転している。

②北半球，赤道付近，南半球など，緯度を変えて透明半球を置くと，太陽の軌跡がそれぞれちがった。

○ **考察**

地球儀の台を回転させることで，日本が春・夏・秋・冬のときの太陽の軌跡を調べることができる。

 教科書 p.205

**活用　学びをいかして考えよう**

日本（北緯35°）よりも高緯度のスウェーデン（北緯（ほくい）60°）では，太陽はどのような日周運動をするだろうか。

● **解答（例）**

同じ北半球にある国なので，太陽が東の空から出て，南の空を通り，西の空にしずむのは日本と同じであるが，スウェーデンの方が高緯度なので，南中高度が低くなる。

○ **解説**

北半球では，赤道に近いほど南中高度は高くなり，北極に近いほど南中高度は低くなる（教科書205ページの図6を参照）。

## 第2節　地球の自転と方位，時刻

# 要点のまとめ

▶**地球を宇宙から見たときの方位**

・北極点の方向が北

・北極点に向かって右方向が東

・北極点に向かって左方向が西

・北の反対方向が南

単元
**4**
地球と宇宙

▶**時刻**　太陽が子午線を通るときの時刻が，その地点の正午である。

　また，正午から次の正午までの時間が 1 日（24時間）である。したがって，地球上でも場所によって時刻は異なる。

　世界共通の時刻を世界時といい，イギリスのグリニッジ天文台を通る経度 0°での時刻が基準となっている。日本では，兵庫県明石市（東経135°）を基準としている。

● **地球の自転による**
**日本の位置の変化**

● **地球と太陽の位置関係と時刻**

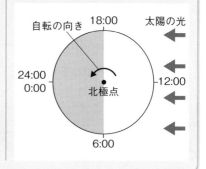

 教科書 p.207

**活用　学びをいかして考えよう**

日本の東京からイギリスのロンドンまで，直行の飛行機で約13時間かかる。日本とイギリスの時差を 9 時間とすると，午前11時に東京を飛び立った飛行機がロンドンに到着するのは，現地時間で何時だろうか。

● **解答（例）**

**午後 3 時**

○ **解説**

東京を飛び立った飛行機がロンドンに到着したとき，東京の時刻は，

　　$11 + 13 = 24$（時）　（翌日の午前 0 時）

日本とイギリスの時差が 9 時間だから，ロンドンの時刻は東京より 9 時間おそくなる。

東京が翌日の午前 0 時のとき，ロンドンの現地時刻は，

　　$24 - 9 = 15$（時）　　つまり，午後 3 時。

# 第3節 星の1日の動き

## 要点のまとめ ✏

### ▶星の1日の動き

- 北の空…星は，北極星を中心に，反時計回りに回転するように見える。
- 東の空…星は，右ななめ上の方向に移動するように見える。
- 南の空…星は，東から西へ移動するように見える。
- 西の空…星は，右ななめ下の方向に移動するように見える。
  空全体では，**地軸を延長した軸を中心に，天球が東から西に回転しているように見える。**これは太陽の1日の動きと同じで，地球の自転による見かけの動きである。このような見かけの動きを，天体の**日周運動**という。

### ●星の日周運動

---

📖 教科書 p.209

**観察3**
星の1日の動き方

---

○ 観察のアドバイス
- 明るい星を選び，地上の建物，鉄塔，電柱など，基準となるものを決めて，動きを調べる。

○ 結果の見方
**●天球全体の星の1日の動きは，どのような決まりになっているか。**
- 東…東の地平線から，右ななめ上の方向に移動して見えた。
- 南…左から右(東から西)へ，地平線とほぼ平行に移動して見えた。
- 西…右ななめ下の方向に移動し，西の地平線にしずんだ。
- 北…北極星を中心に，反時計回りに回転して見えた。
- 天頂付近…東から西へ移動して見えた。
  透明半球の内側から北極星の方向に向かってながめると，星全体は，北極星を中心に反時計回りに回転して見える。

○ 考察のポイント
**●南の空と北の空で，星の動く向きが異なって見えるのはなぜか。**
　天球での星の動きは，北極星を中心に反時計回りの方向なので，北の空で北極星の上にある星は右から左へ，南の空の星は左から右へ動くように見える。
**●星が一定時間に移動してえがく曲線の長さは，どの方位が最も短いだろうか。**
　星が一定時間に移動してえがく曲線の長さは，北の空が最も(北極星に近い星ほど)短い。

教科書 p.211

**活用　学びをいかして考えよう**

赤道上の地点で北の空に見られる星座を観察すると，どのような日周運動が見られるか。モデルを使って考えよう。

● **解答（例）**

北の空では，真北の地平線上の点を中心に，反時計回りに回転するように見える。

○ **解説**

赤道上では，真北の地平線上に北極星が見える。

---

# 第4節　天体の1年の動き

## 要点のまとめ

▶**公転**　天体が，ほかの天体のまわりを回転すること。

▶**地球の公転と見える星座**　真夜中の南の空に見える星座は，地球から見て太陽と反対方向にある星座である。

　地球は太陽のまわりを公転しているので，季節によって，真夜中に見える星座は変わる。

▶**1年間の星座の動き**　同じ時刻に見える星座の位置は，1か月で約30°，東から西へ動き，1年で1回転してもとの位置にもどる。1日では約1°，東から西へずれることになる。

　この星座の動きは，地球の公転によって生じた見かけの動きで，天体の**年周運動**という。

▶**1年間の太陽の動き**　太陽と同じ方向にある星座（太陽の光が強いので見えない）は，地球が公転するため，地球がどの位置にあるかで変わる。そのため，天球上での太陽の位置は，星座の間を西から東に移動し，1年後にもとの星座の位置にもどる。このときの太陽の通り道を**黄道**という。

▶**星の見える方向**　恒星は非常に遠くにあるので，地球が動いても，恒星から地球にやってくる光はほぼ平行となり，位置が変わらないように見える。しかし，太陽は近くにあるので，地球が公転によって位置を変えると，太陽から地球に届く光の方向は変わっていく。

● **星の見える方向**

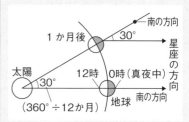

黄道付近にある12の星座を黄道12星座というよ。

教科書 p.213～p.214

**実習 1**

地球の公転と見える星座の関係

● **結果（例）**

|   | 真夜中に南中する星座<br>（太陽と逆方向にある星座） | 太陽と同じ方向にある星座 |
|---|---|---|
| 1 月 | ふたご座 | いて座 |
| 2 月 | かに座 | やぎ座 |
| 3 月 | しし座 | みずがめ座 |
| 4 月 | おとめ座 | うお座 |
| 5 月 | てんびん座 | おひつじ座 |
| 6 月 | さそり座 | おうし座 |
| 7 月 | いて座 | ふたご座 |
| 8 月 | やぎ座 | かに座 |
| 9 月 | みずがめ座 | しし座 |
| 10月 | うお座 | おとめ座 |
| 11月 | おひつじ座 | てんびん座 |
| 12月 | おうし座 | さそり座 |

○ **結果の見方**

●**真夜中に南中する星座はどのように移り変わるか。**

地球の公転によって，東から西に移動していく。

●**地球から見て太陽と同じ方向にある星座はどのように移り変わるか。**

地球からは観察できないが，日中の位置は東から西に移動していく。

○ **考察のポイント**

●**まずは自分で考察しよう。わからなければ，教科書214ページ「考察しよう」を見よう。**

　**真夜中に南中する星座はどのように移り変わると考えられるだろうか。**

　北極圏や南極圏のように，夜のない時期のある地域を除くと，ほぼ真夜中に南中する黄道12星座は，地球上のどこで観察しても，１年間で同じように移り変わる。この見かけの動きを年周運動といい，１年で360°移動するので，１日に約1°移動するように見える。

 教科書 p.216

**練習**

教科書216ページの例題の図のBの位置の地球で，日本から午前３時ごろに，しし座が見えるのはどの方位か。

● **解答（例）**

**南西**

○ **解説**

　教科書216ページの図「Bの位置での地球上の各地点の時刻」より，午前３時の地点からは，しし座は南と西の間の方向に見える。

教科書 p.217

**活用　学びをいかして考えよう**

オリオン座が毎年冬の夕方に観察できる理由を，図と文で説明しよう。

● 解答（例）

　地球は1年で太陽のまわりを1回公転しているため，1年後の地球・太陽・星の位置関係も同じになっているから。

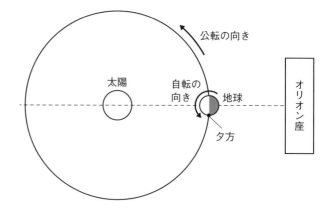

---

# 第5節　地軸の傾きと季節の変化

## 要点のまとめ

▶**季節の変化**　季節の変化が生じるのは，**地軸が，公転面に垂直な方向に対して，約23.4°傾いたまま，地球が公転している**からである。この結果，南中高度が変化し，昼の長さも変化する。

▶**季節の変化**　太陽の高度が高いほど，地表では単位面積あたりに受ける光の量が多くなる。

　また，昼の長さが長いほど，1日に地表の単位面積が受ける光の量は多くなる。

　この2つの効果により，夏の気温は高くなり，四季が生じる。

● 季節の変化

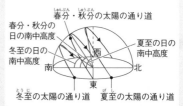

|  | 日の出の方位 | 日の入りの方位 | 南中高度 | 昼と夜の長さ |
|---|---|---|---|---|
| 夏至 | 真東より北側 | 真西より北側 | 1年のうちで最も高い | 昼の方が長い |
| 春分・秋分 | 真東 | 真西 | 夏至と冬至の中間 | 同じ |
| 冬至 | 真東より南側 | 真西より南側 | 1年のうちで最も低い | 夜の方が長い |

**教科書 p.219**

### 調べよう

教科書219ページの図のような装置を使って太陽の光が当たる角度による温度上昇のちがいを調べよう。

● **結果（例）**

太陽からの光が垂直に当たっている方が，温度が高くなった。

○ **解説**

南中高度が高い方が，一定の面積に当たる光の量は多くなるので，気温が高くなる。

 **教科書 p.219**

### 実習2

季節による昼と夜の長さの変化

○ **実習のアドバイス**

・光が強くて目をいためるので，電球を見つめないようにする。また，電球は熱くなるので，手がふれてやけどをしないように注意する。

・光源の高さと，発泡ポリスチレンの球の中心の高さを合わせる。

・4つの球の傾きの方向と角度をなるべく等しくする。

● **結果（例）**

・4つの球の位置と季節

　ア…冬，イ…春，ウ…夏，エ…秋

・光が当たっている線の長さが最も長いウ（夏）が，昼の長さが最も長い。

・光が当たっている線の長さが最も短いア（冬）が，昼の長さが最も短い。

・光が当たっている線の長さと光が当たっていない線の長さがほぼ等しいイ（春）とエ（秋）は，昼の長さと夜の長さがほぼ等しい。

○ **結果の見方**

●地軸が傾いている場合，球の位置によって昼と夜の長さはどのように変わったか。

　アの位置で昼の長さが最も短く，その後少しずつ長くなり，イの位置では，昼と夜の長さが等しくなった。その後も少しずつ長くなり，ウの位置で昼の長さが最も長くなった。その後は，昼の長さは少しずつ短くなり，エの位置では，昼と夜の長さが等しくなった。

○ **考察のポイント**

●地軸が傾いていない場合，日本の季節の変化はどうなると考えられるか。

　ア～エのどの位置でも，昼と夜の長さが等しくなるので，季節の変化がなくなる。

単元
**4**

地球と宇宙

149

教科書 p.222

**活用 学びをいかして考えよう**

地軸が地球の公転面に垂直な場合，赤道直下(北緯0°)，日本(北緯35°)，北極付近(北緯約90°)ではどのような気候になると考えられるだろうか。また，北海道と沖縄では，どちらの昼が長いだろうか。

● 解答(例)

・赤道直下…太陽が常に真上から照りつけるので，1年中暑い。

・日本…真夏のような暑さはないが，冬がなく，1年中あたたかい。

・北極…地平線付近に太陽があり，とても寒い。

・地軸が傾いていないと昼と夜の長さは12時間ずつになり，北海道と沖縄の昼の長さは同じになる。

◎ 解説

太陽の南中高度は，赤道直下は90°，日本は65°，北極付近は0°である。

 教科書 p.222　　**章末　学んだことをチェックしよう**

**❶ 太陽の1日の動き**

地球の北極と南極を結ぶ軸を(　　)という。

● 解答(例)

地軸

**❷ 地球の自転と方位，時刻**

北極点の真上から地球を見ると，地球の自転は，時計回り，反時計回りのどちらか。

● 解答(例)

反時計回り

**❸ 星の1日の動き**

星の1日の動きは，地球の何という運動によって起こる見かけの動きか。

● 解答(例)

自転

❹ 天体の１年の動き

1. 太陽が星座の間を１年かけて西から東へ移動して見える天球上の太陽の通り道を何というか。

2. １の動きは，地球の何という運動によって起こる見かけの動きか。

● 解答（例）

1. 黄道（こうどう）　2. 公転

❺ 地軸の傾きと季節の変化

１年の間に，太陽の南中高度や昼の長さが変化し，季節が生じるのはなぜか。

● 解答（例）

地球が地軸を傾（かたむ）けたまま太陽のまわりを公転しているから。

単元 4　地球と宇宙

---

📖 教科書 p.222　章末　学んだことをつなげよう

オリオン座が１月10日22時に南中した。１か月後に南中するのは何時ごろか。日周運動と年周運動という言葉を使って説明するとともに，そのときの地球，太陽，オリオン座の位置関係について図で示して説明しよう。

● 解答（例）

　年周運動によって，オリオン座は１か月後の22時ごろには，360°÷12＝30°だけ東から西に移動している。日周運動によって，オリオン座は１時間に360°÷24＝15°だけ東から西に移動するので，この日の南中時刻は22時よりも，30÷15＝2より，2時間前である。よって，南中するのは20時ごろである。

○ 解説

　１年の中での見かけの動きと，１日の中での見かけの動きを分けて考える。１年の中での見かけの動きは地球の公転（こうてん）の影響（えいきょう）であり，１日の中での見かけの動きは地球の自転の影響である。

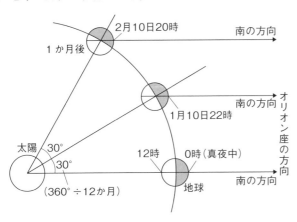

教科書 p.222

**Before & After**

太陽や恒星が動いて見えるのは，なぜだろうか。

● 解答（例）

　1日に1回地球のまわりを回るように見えるのは地球が自転しているからであり，1年たつと同じ位置にもどってくるように見えるのは地球が太陽のまわりを公転しているからである。

◎ 解説

　太陽は1年を通してみると，日の出や日の入りの位置が変わる，南中高度が変わるなどのような変化がある。

# 定着ドリル 第1章 地球の運動と天体の動き

　図は天の北極から見た地球の1年の動きである。次の問いに答えなさい。

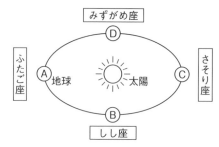

①地球が図のAの位置にあるとき，日本から真夜中ごろにしし座が見える方位を選びなさい。

　ア 東　イ 南東　ウ 南　エ 南西　オ 西

②地球が図のBの位置にあるとき，日本から午後9時ごろにふたご座が見える方位を選びなさい。

　ア 東　イ 南東　ウ 南　エ 南西　オ 西

③地球が図のCの位置にあるとき，日本から真夜中ごろにみずがめ座が見える方位を選びなさい。

　ア 東　イ 南東　ウ 南　エ 南西　オ 西

④地球が図のDの位置にあるとき，日本から午前3時ごろにふたご座が見える方位を選びなさい。

　ア 東　イ 南東　ウ 南　エ 南西　オ 西

| ① |
|---|
| ② |
| ③ |
| ④ |

解答　①ア　②エ　③ア　④イ

# 定期テスト対策　第**1**章　地球の運動と天体の動き

解答 p.206

/100

**1** 次の問いに答えなさい。
①天体の位置や動きを表すための，見かけ上の球体の天井を何というか。
②地球の北極と南極を結ぶ軸を何というか。
③地球が②を中心に1日に1回転することを何というか。
④天体が天頂より南側で子午線を通過することを何というか。また，そのときの天体の高度を何というか。
⑤地球の③による太陽や星座の1日の見かけの動きを何というか。
⑥季節によって見える星座が変わる原因となっている地球の運動を何というか。
⑦⑥によって生じる天体の見かけ上の動きを何というか。
⑧①での太陽の通り道を何というか。
⑨1年のうちで南中高度が最も高くなる日，最も低くなる日をそれぞれ何というか。

**2** 次の問いに答えなさい。
①透明半球上に太陽の位置を記録するときは，サインペンの先の影が半球のどの位置にくるようにすればよいか。
②北の空の星を一晩中観察すると，北極星を中心にどのように動いて見えるか，答えなさい。
③北極星がほとんど動かない理由を答えなさい。
④太陽の南中高度や昼の長さが日々変化し，季節が生じる理由を答えなさい。

**3** ある日，午後10時にオリオン座が南中し，東の地平線付近にしし座が見られた。
①オリオン座が東の地平線付近にあったのは何時ごろか。
②しし座が南中するのは何時ごろか。
③1か月後にオリオン座が南中するのは何時ごろか。
④午後10時にしし座が南中するのは何か月後か。
⑤午後6時にしし座が南中するのは何か月後か。

**1** 計55点
① 5点　② 5点　③ 5点　④ 5点 / 5点　⑤ 5点　⑥ 5点　⑦ 5点　⑧ 5点　⑨ 5点 / 5点

**2** 計20点
① 5点　② 5点　③ 5点　④ 5点

**3** 計25点
① 5点　② 5点　③ 5点　④ 5点　⑤ 5点

# 第2章 月と金星の見え方

## これまでに学んだこと

▶**月の形の変化**(小6)　日没直後に見える月は，明るく光って見える部分が，少しずつふえていく。

　月の光って見える側に，太陽がある。月は，自らは光を出さないが，太陽の光が当たっている部分が反射して，明るく光って見える。

　月の形が，日によって変わって見えるのは，太陽と月の位置関係が毎日少しずつ変わっていくため，太陽の光が当たって明るく見える部分が，少しずつ変わるからである。

## 第1節　月の満ち欠け

### 要点のまとめ

▶**月の満ち欠け**　月も，太陽や星座と同じように，東から西へ**日周運動**をする。

　夕方の同じ時刻に継続観察すると，月は形を変えながら西から東に移動する。

　月は，地球のまわりを公転している地球の衛星である。月は，太陽に次いで明るい天体であるが，自らは光らず太陽の光を反射して光っている。このため，**太陽，地球，月の位置関係によって満ち欠けして見える。**太陽に近い位置に見える月ほど，欠け方が大きい。

▶**衛星**　惑星のまわりを公転する天体。

● 地球と月の位置と月の見え方

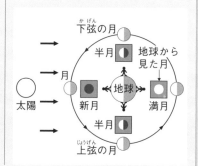

### 教科書 p.224

**調べよう**

月の観察記録を使って，月の満ち欠けについて考えよう。

①教科書195ページの「調べよう」で行った月の観察記録を観察した順に並べる。

②まとめた結果を見て，月の満ち欠けと動き方にはどのような特徴があるかを考える。

　・月が1日ごとにその位置と形を変えるのはなぜだろうか。

　・地球の外から見ているようにして考えたらどうだろうか。

**解答（例）**

・月が1日ごとにその位置と形を変えるのはなぜだろうか。

　月が地球のまわりを公転していて，地球，太陽との位置関係が常に変化しているから。

・地球の外から見ているようにして考えたらどうだろうか。

　月が地球のまわりを公転していて，月は太陽の光を反射しているので，満ち欠けが起こる。

**解説**

　地球の外から見ている場合，見ている場所によって，月の形はさまざまである。

📖 **教科書 p.225**

**実習3**

月の満ち欠けについてのモデル実習

**考察のポイント**

●作成したモデルで月の満ち欠けをうまく説明できなかったとしたら，どこがよくなかったのだろうか。

・月の公転の向きをまちがえている。

・地球の自転の向きをまちがえている。

・地平線シートの動かし方をまちがえている。

📖 **教科書 p.227**

**活用　学びをいかして考えよう**

新月のときの月が南中するのは何時ごろだろうか。

 **結果（例）**

　正午ごろ

**解説**

　新月のとき，月は地球から見て太陽と同じ方向にあるので，太陽と同じように，朝に東の地平線からのぼり，正午ごろ南中し，夕方に西の地平線にしずむ。

# 第2節　日食と月食

## 要点のまとめ✏

▶**日食**　太陽・月・地球の順に一直線に並ぶと，太陽が月にかくされ，**日食**が起こる。

　日食は，新月のときに起こる。ただし，月の公転面と地球の公転面は少しずれているため，新月のときに必ず起こるわけではない。

●日食

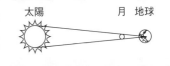

太陽　　　　　　月　地球

▶**月食** 太陽・地球・月の順に**一直線に並ぶ**と，月が地球のかげに入り月食が起こる。

月食は，満月のときに起こる。

●月食

太陽　　　　　　　　　　　　地球　月

教科書 p.229

**活用　学びをいかして考えよう**

月食と月の満ち欠けのちがいは何か，説明しよう。また，欠けた月の見え方にちがいはあるだろうか。

● 解答（例）

　月食は，太陽・地球・月の順に一直線に並び，太陽の光が地球にさえぎられてできたかげの中に月が入ることで起こるが，満ち欠けは太陽の光が反射する部分が変化することで起こる。したがって，月食のときの欠けた部分は円形になるので，半月のようになることはない。

# 第3節　金星の見え方

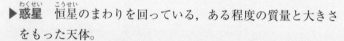

## 要点のまとめ

▶**惑星** 恒星のまわりを回っている，ある程度の質量と大きさをもった天体。

▶**惑星の見え方**

・**内惑星**…太陽系で地球より内側を公転する惑星（水星，金星）。真夜中に見ることはできない。

・**外惑星**…太陽系で地球より外側を公転する惑星（火星，木星，土星，天王星，海王星）。真夜中に見ることができる。

▶**金星の見え方** 金星は，太陽の光を反射して光っているので，太陽・金星・地球の位置関係によって，満ち欠けをする。右図の金星の6と12は，太陽と重なるので見えない。金星は内惑星であるため，常に太陽に近い方向にあり，**真夜中に見ることはできない。**右図の1～5は，日の入り後の西の空に見えるので，**よいの明星**とよばれる。7～11は，日の出前の東の空に見えるので，**明けの明星**とよばれる。

　地球から金星までの距離が変化するので，地球から見た金星の大きさも変化する。地球に近いときは大きく見え，欠け方も大きい。遠くにあるときは円形に近く，小さく見える。

●金星の満ち欠け
（地球の北から見た模式図）

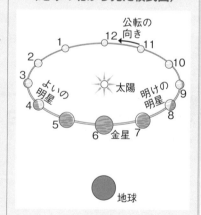

 教科書 p.231

**実習4**
金星の満ち欠けについてのモデル実習

○ 考察のポイント

●観察結果を矛盾なく説明できる位置関係になっているかどうかを検討する。
・金星は地球よりも内側を公転していることに気をつける。
・金星がきれいな円形に見えることはない。

 教科書 p.233

**活用　学びをいかして考えよう**
金星よりも太陽に近い水星は，金星に比べて，地球から観察しにくい。それはなぜだろうか。
外惑星である火星の見え方は，内惑星とどのように異なるだろうか。

● 解答（例）

・水星は太陽に非常に近い位置にあるから。
・火星の公転軌道の内側にある地球から観察する火星は，太陽に照らされた面がいつも見えていて，ほとんど満ち欠けはしない。

○ 解説

　水星は太陽に非常に近く，水星が東の地平線からのぼってから日の出までの時間，日の入りから水星が西の地平線にしずむまでの時間が金星に比べて短いため，観察しにくい。

 教科書 p.234　　**章末　学んだことをチェックしよう**

**❶ 月の満ち欠け**
1．月は毎日同じ時刻に観察すると（　　）から（　　）へ位置を変えていく。
2．月の満ち欠けは，月が（　　）のまわりを（　　）しているために起こる。

● 解答（例）

1．西，東
2．地球，公転

**❷ 日食と月食**
太陽が月でかくされる現象を（　　），月が地球のかげに入る現象を（　　）という。

● 解答（例）

日食，月食

❸ 金星の見え方
1. 金星を真夜中に見ることができないのはなぜか。
2. 地球よりも内側を公転する惑星を何というか。
3. 地球よりも外側を公転する惑星を何というか。

● 解答(例)

1. 金星は地球より内側を公転しており，太陽と反対の方向しか見えない真夜中に，地球より太陽に近い惑星を見ることはできないから。
2. 内惑星
3. 外惑星

 教科書 p.234

# 章末　学んだことをつなげよう

月の満ち欠けと金星の満ち欠けのちがいを説明しよう。

● 解答(例)

・月も金星も，地球と太陽との位置関係によって満ち欠けするのは同じだが，月は地球のまわりを公転しているので，地球との距離があまり変わらず，見える大きさはほぼ変わらない。しかし，金星は太陽のまわりを公転しているので，大きさが変わる。
・月は真夜中に見えることがあるが，金星は真夜中に見ることはできず，明け方，あるいは夕方にしか見られない。

 教科書 p.234

**Before & After**
「菜の花や月は東に日は西に」という俳句に出てくる月はどのような形をしているだろうか。

● 解答(例)
満月

◎ 解説

太陽が西の空にしずむころ，東の空に見える月なので，太陽，地球，月がほぼ一直線上になっていると考えてよい。よって，月は太陽の光を全面で反射できるので，満月である。

# 定期テスト対策　第2章　月と金星の見え方

解答 p.206

/100

**1** 次の問いに答えなさい。
①地球から見ると月が太陽に重なり，太陽がかくされる現象を何というか。
②月が地球のかげに入る現象を何というか。
③地球のような惑星のまわりを，公転する天体のことを何というか。
④地球の軌道の内側を公転する惑星を何というか。
⑤地球の軌道の外側を公転する惑星を何というか。

**2** 次の問いに答えなさい。
①月が満ち欠けをくり返す理由を答えなさい。
②毎日同じ時刻に月を見ると，月はどの方位に移っていくように見えるか。
③新月のたびに日食が，満月のたびに月食が起こるわけではない。この理由を答えなさい。
④水星や金星を真夜中に見ることができない理由を答えなさい。

**3** 金星の見え方について，次の問いに答えなさい。
①地球から見た金星の大きさが変化する理由を答えなさい。
②金星が地球に近いとき，遠いときは，それぞれどのような金星が見られるか。次の**ア**～**エ**からそれぞれ一つずつ選び，記号で答えなさい。
　**ア**　大きさが大きく，欠け方が大きい金星
　**イ**　大きさが小さく，欠け方が大きい金星
　**ウ**　大きさが大きく，欠け方が小さい金星
　**エ**　大きさが小さく，欠け方が小さい金星

**1** 計30点
① 6点
② 6点
③ 6点
④ 6点
⑤ 6点

単元4 地球と宇宙

**2** 計40点
① 10点
② 10点
③ 10点
④ 10点

**3** 計30点
① 10点
②近いとき 10点
　遠いとき 10点

# 第3章 宇宙の広がり

## これまでに学んだこと

▶**いろいろな星と星座**（小4） 星の明るさや色には，ちがいがある。

星や星座は，時間がたつと位置は変わるが，並び方は変わらない。

## 第1節 太陽系の天体

### 要点のまとめ

▶**太陽系** 太陽とその周辺をまわる惑星や小天体の集まり。

▶**惑星の分類**

・**地球型惑星**…水星，金星，地球，火星の4個で，**小型で密度が大きい**惑星。主に岩石からできている。

・**木星型惑星**…木星，土星，天王星，海王星の4個で，**大型で密度が小さい**惑星。木星と土星は多量の気体でできていて，天王星と海王星は気体のほかに大量の氷をふくんでいる。

▶**太陽系の天体** 太陽系の惑星は，水星，金星，地球，火星，木星，土星，天王星，海王星の8つである。このほかに，**小惑星**，**太陽系外縁天体**，**すい星**などがある。

・**小惑星**…太陽のまわりを公転している小天体。

・**太陽系外縁天体**…海王星の外側を公転する天体。めい王星など。

・**すい星**…細長いだ円軌道で太陽のまわりを公転する天体。

---

 教科書 p.237

**比べよう**

教科書236ページの表1から次の①，②をやってみよう。

①各惑星を，直径，質量，密度，太陽からの距離などをもとに，グループ分けしよう。

②全惑星の質量を合計して，太陽の質量と比べよう。

● 解答（例）

① ・直径や質量が地球より小さい惑星…水星，金星，火星

　　直径や質量が地球より大きい惑星…木星，土星，天王星，海王星

　・密度が3g/cm$^3$以上の惑星…水星，金星，地球，火星

　　密度が3g/cm$^3$未満の惑星…木星，土星，天王星，海王星

・地球よりも太陽に近い惑星…水星，金星

　地球よりも太陽から遠い惑星…火星，木星，土星，天王星，海王星

・公転の周期が10年未満の惑星…水星，金星，地球，火星

　公転の周期が10年以上100年未満の惑星…木星，土星，天王星

　公転の周期が100年以上の惑星…海王星

・表面の平均温度が0℃以上の惑星…水星，金星，地球

　表面の平均温度が0℃未満の惑星…火星，木星，土星，天王星，海王星

②全惑星の質量の合計は，太陽の質量の約0.0013倍である。

○ 解説

②地球の質量を1とすると，

　　太陽の質量は，332900

　　全惑星の質量の合計は，0.05527 + 0.8150 + 1 + 0.1074 + 317.83 + 95.16 + 14.54 + 17.15 ≒ 446.7

　よって，446.7 ÷ 332900 ≒ 0.001342 より，約0.0013倍　　　（約0.13％）

 教科書 p.238

**データから考えよう**

私たち人類は，地球以外の太陽系の惑星や衛星でも生存できるだろうか。教科書236ページの表1を見て，考えよう。

● 解答（例）

　火星の表面温度は，平均して −60℃ 程度であること，

　大気組成は，有機物のもととなる炭素を多くふくんでいること，

　太陽からの距離は，地球とあまり大きく変わらないこと，

から考えると，くふうしだいで火星で生存できる可能性はあると考えられる。

○ 解説

・炭素が大気の主な成分として存在している惑星は金星と火星である。

・金星は表面の温度が高すぎて，生命の生存は難しいと考えられる。

 教科書 p.239

**活用　学びをいかして考えよう**

私たちが太陽系内のほかの惑星に移住するとしたら，どのようなものが必要になるだろうか。また，太陽系の外側に第二の地球は見つかるだろうか，生命がすむことができる条件などを考え，どのような場合，第二の地球が存在できるか話し合ってみよう。

● 解答（例）

・必要なもの…ほかの惑星への移動手段

・生命がすむことができる条件…空気，水，適当な温度，食料，エネルギー資源など

単元 **4** 地球と宇宙

## 第2節 宇宙の広がり

### 要点のまとめ

▶ **銀河** 数億〜数千億個の恒星の集まり。

▶ **銀河系** 太陽系をふくむ銀河。約2000億個の恒星からなる。渦を巻いた円盤状の形をしている。

▶ **1天文単位** 太陽と地球の距離。約1億5000万kmである。

▶ **1光年** 光が1年に進む距離。約9兆4608億kmである。

銀河系は天の川銀河ともいうよ。

📖 **教科書 p.242**

**活用　学びをいかして考えよう**

太陽系の天体や銀河系内の天体，銀河について考えよう。

①太陽系と銀河系の大きさのちがいは，身のまわりのもので何と何の大きさのちがいで例えられるか考えよう。

②銀河系の大きさとアンドロメダ銀河までの距離の比は，太陽の大きさとケンタウルス座 $a$ 星までの距離の比と比べてどうだろうか。

● **解答(例)**

①1円玉と，札幌市から那覇市までの距離

②小さい

○ **解説**

教科書236ページの表1，教科書241ページの図3，教科書242ページの表1を参考にする。

①太陽系の半径を海王星までの距離とみなすと，太陽系の直径は1億5000万km×30.11×2＝約90億kmである。また，銀河系の直径は，約10万光年＝94京6080兆kmであるから，94京6080兆÷90億＝105120000より，銀河系の直径は太陽系の直径の約1億512万倍である。

1円玉の直径が約2cmなので，2cm×1億512万＝2億1024万cm＝2102.4kmとなり，札幌市から那覇市までの距離(約2200km)ぐらいにあたる。

②銀河系の直径が10万光年，アンドロメダ銀河までの距離が250万光年である。また，太陽の直径が12756km×109＝1390404より約139万km，ケンタウルス座 $a$ 星までの距離が4.3光年である。距離の単位から，銀河系の大きさとアンドロメダ銀河までの距離の比の方が小さいことがわかる。

📖 **教科書 p.242**

**どこでも科学**

太陽の直径を30cmとすると，地球の直径と太陽までの距離はいくらになるか。

● 解答（例）

・地球の直径…0.28 cm

・太陽までの距離…32.4 m

○ 解説

・地球の直径

教科書236ページの表1より，太陽の直径は地球の109倍である。地球の直径を$x$とすると，1：109＝$x$：30 cm より，$x = 0.275\cdots$であるから，約0.28 cm となる。

・太陽までの距離

教科書236ページの表1より，地球の直径は12756 km，太陽までの距離は1億5000万 km である。30 cm＝0.3 m＝0.0003 km なので，太陽までの距離を$y$とすると，0.0003 km：$y$＝（12756 km × 109）：1億5000万 km

$y = 0.03236\cdots$より，約0.0324 km，つまり約32.4 m となる。

 教科書 p.242 　章末　学んだことをチェックしよう

❶ 太陽系の天体

1. 惑星は，地球型惑星と木星型惑星に分けられる。それぞれ2つずつあげなさい。
2. 地球型惑星は，木星型惑星に対して（　　）が大きいという特徴をもっている。
3. 月のように，惑星のまわりを回っている天体を（　　）という。

● 解答（例）

1. 地球型惑星…水星，金星，地球，火星のうちのいずれか2つ
   木星型惑星…木星，土星，天王星，海王星のうちのいずれか2つ
2. 密度
3. 衛星

❷ 宇宙の広がり

1. 銀河は（　　）が数億～数千億個集まってできている天体である。
2. 銀河系は（　　）のような形をしている。

● 解答（例）

1. 恒星　　2. 渦を巻いた円盤

 教科書 p.242 　章末　学んだことをつなげよう

宇宙のはるか遠くにいるかもしれない知的生命体に，地球がどのような天体かを伝えるために必要な情報をまとめてみよう。

単元4　地球と宇宙

● 解答（例）

・地球の自然や環境を伝える映像，画像，音声など

・地球に文明が存在することを示す言語，文書，音楽，絵画など

📖 教科書 p.242

**Before & After**

冬よりも夏の天の川の方が多くの星が見える。これはなぜだろうか。

● 解答（例）

夏の夜に見ている夜空は，銀河系の中心方向であり，銀河系の中心の方が星が密集しているから。

○ 解説

銀河系の中心の方にたくさん星がある。

# 定期テスト対策　第3章 | 宇宙の広がり

解答 p.207

/100

**1** 次の問いに答えなさい。

①自ら光や熱を出してかがやいている天体を何というか。

②①が数億〜数千億個集まった大集団を何というか。

③②のうち，太陽系が属しており，地球からは天の川として見えるものを何というか。

④太陽のまわりを公転する水星から海王星までの8個の天体を何というか。

⑤月のように，④のまわりを公転する天体を何というか。

⑥めい王星のように，海王星より外側を公転する天体を何というか。

**2** ①〜④に当てはまる太陽系の惑星を，次の**ア〜ク**から全て選び，記号で答えなさい。

ア 火星　イ 水星　ウ 木星　エ 金星

オ 土星　カ 地球　キ 海王星　ク 天王星

①直径が最も大きい惑星

②地球型惑星

③木星型惑星

④環をもっている惑星

| 1 | 計60点 |
|---|---|
| ① | 10点 |
| ② | 10点 |
| ③ | 10点 |
| ④ | 10点 |
| ⑤ | 10点 |
| ⑥ | 10点 |

| 2 | 計40点 |
|---|---|
| ① | 10点 |
| ② | 10点 |
| ③ | 10点 |
| ④ | 10点 |

# 確かめと応用 　単元 **4** 　地球と宇宙

**1** 太陽の動き

図1(教科書参照)のように太陽投影板に記録用紙を固定し，円に合わせて太陽を投影した。

❶観察していると図2〜4(教科書参照)のように太陽の像がゆっくりとずれていった。その理由と，投影板上のどの方角にずれていったのか説明しなさい。

❷継続的に黒点を観察した。図5はそのときのスケッチである。図5から，太陽の特徴についてどのようなことがわかるか，答えなさい。

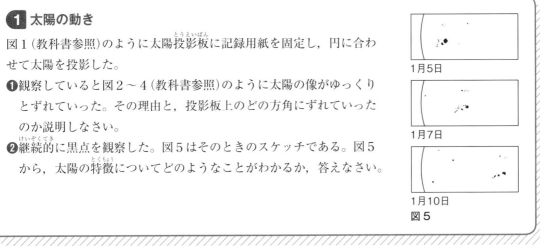

1月5日

1月7日

1月10日
図5

単元 **4** 地球と宇宙

● 解答(例)

❶地球の自転によって太陽が東から西へ日周運動しているから，太陽の像はゆっくりと西へずれていった。

❷太陽は球形をしており，自転している。

○ 解説

❶地球は，地軸を中心として自転しているため，時間がたつと太陽の像は西の方にずれる。

❷黒点は，図5の左から右へ(左が東，右が西にあたるので，ほぼ東から西へ)動いていくことがわかる。また，太陽の周辺部では，黒点がややゆがんだ形に見える。以上から，太陽は自転をしており，球形であることがわかる。

📖 教科書 p.248

# 確かめと応用 ┃ 単元 **4** ┃ 地球と宇宙

## ❷ 星の動き

日本で星の1日の動きについて観察した。図1は各方位に見える星の動きを示したものである。
図2は，星の1日の動きを天球上に表したものである。

図1

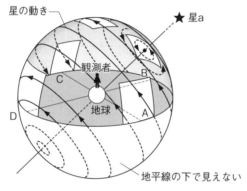

図2

❶図1のア～エは，図2のA～Dのどの方位の空か。それぞれの方角の名前も答えなさい。

❷図1のア～エのように，星は見かけの動きをしている。この見かけの動きを何というか。

❸図2の星aの名前は何か。

❹星aを観察していても，ほとんど動かなかった。その理由を書きなさい。

● 解答(例)

❶ア…C，西

　イ…A，東

　ウ…B，北

　エ…D，南

❷日周運動

❸北極星

❹北極星は地球の地軸の延長上にあるため。

## 解説

❶東の空…星は左下から右上へ移動していく …イ

南の空…星は左から右へ移動していく …エ

西の空…星は左上から右下へ移動していく …ア

北の空…星は北極星を中心に，反時計回りに移動する …ウ

❷太陽や星の日周運動は，地球の自転による見かけの動きである。

❸❹北極星は地球の地軸の延長上にあるため，地球が地軸を中心として自転しても，北極星を観察した

ときの位置はほとんど変わらない。

教科書 p.248

# 確かめと応用 | 単元 **4** | 地球と宇宙

## ❸ 地球の動きと四季の星座

図1，図2は，太陽のまわりを公転している地球のようすを宇宙空間で北側から見た2種類のモデル図である。また，地球の位置は，春分，夏至，秋分，冬至のいずれかである。

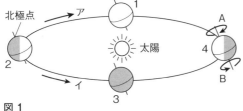

図1

❶地球の公転の向きは，図1のア，イのどちらか。

❷地球の自転の向きは，図1のA，Bのどちらか。

❸図1の1～4のうち，秋分，冬至の地球はどの位置かそれぞれ答えなさい。

❹図2のA～Dの位置の地球の夜の部分を，図中に斜線でかき入れなさい。

❺図2で，明け方に星座ぁが真南に見えるのは，地球がA～Dのどの位置のときか。

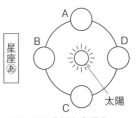

図2 天の北極から見た
地球の1年の動き

単元 **4**

地球と宇宙

● 解答（例）

❶イ

❷B

❸秋分…1

　冬至…2

❹

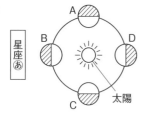

❺A

○ 解説

❶地球の公転面の北側から見たとき，地球は太陽のまわりを反時計回りに公転している。

❷北極の真上から見たとき，地球は地軸を中心として，反時計回りに自転している。

❸南中高度を考えると，4が夏至，2が冬至であることがわかる。よって，1が秋分，3が春分である。

❹太陽の光が当たらない部分が夜である。

❺星座あは遠方にあることに注意して考えると，明け方に南の空に見えるのは，地球がAの位置のときである。

📖 教科書 p.248～p.249

# 確かめと応用　単元 4　地球と宇宙

## 4 緯度と昼夜の長さの年変化

図1は，東京（北緯35度）とヤクーツク（北緯62度）の昼と夜の長さの年変化の例である。また，下のグラフA～Dは，赤道上（0度），北回帰線上（北緯23.4度），北極圏の南端上（北緯66.6度），北極点上（北緯90度）の各地点での日の出と日の入り時刻の年変化を表したものである。A～Dのグラフは，それぞれどの地点のものか答えなさい。

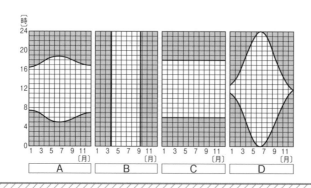

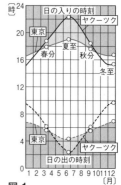

図1

● 解答（例）

　A…北回帰線上

　B…北極点上

　C…赤道上

　D…北極圏の南端上

○ 解説

　Bは，1日じゅう昼の時期と1日じゅう夜の時期に分かれているので，北極点上である。また，Dは夏と冬に，1日じゅう昼の時期と1日じゅう夜の時期があるので，北極圏上である。また，赤道上は昼と夜の時間が1年じゅうほぼ同じなのでCである。

 教科書 p.249

## 確かめと応用 | 単元 4 | 地球と宇宙

### 5 月の満ち欠け

図1は，ある日の午後6時に日本で見えた月のようすを表したものである。また，図2は月が地球のまわりを回っているようすを示したものである。

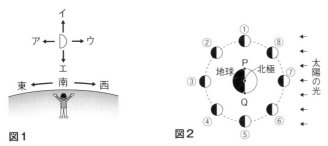

図1　　　　図2

❶図1で，月は次の日の午後6時にはア～エのどちら側に見えるか。

❷図1の月は真西にしずんだ。しずんだ時刻は何時ごろか。

❸図1のような形の月を何というか。また，それは図2のP，Qのどちらから，①～⑧のどの月を観察したものか。それぞれ記号で選び答えなさい。

❹図2で月が①のときの形から⑤のときの形に変わるのには，約何日かかるか。

❺図2の③に月があり，太陽・地球・月が一直線上に並んだときに起こる現象は何か。

● 解答（例）

❶ア

❷午前0時

❸半月（上弦の月），Pから①を観察したもの

❹約15日

❺月食

○ 解説

❶月は地球のまわりを公転していて，その向きは西から東である。

❷❸月の右半分が輝いているので，月の位置は①で，観察している場所はPである。この月は真夜中に西の空へしずむ。

❹月の公転周期は約1か月である。

❺月食は，太陽に照らされた地球のかげが，月にうつる現象である。

📖 教科書 p.249

# 確かめと応用 ┊ 単元 **4** ┊ 地球と宇宙

## 6 金星の満ち欠けと地球の位置関係

図1は，太陽と地球を軸に静止させた状態での金星との位置関係を北極側から見たモデルである。金星と地球の白い部分は，太陽の光が当たっている部分（白色）である。

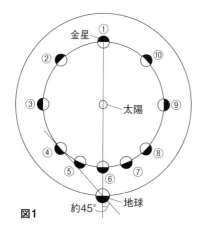

**図1**

❶夕方見える金星のことを，何とよぶか。また，見える空の方位を東西南北で答えなさい。

❷❶のように金星が夕方に見えるのは，金星がどの位置にあるときか。図1の①～⑩から全て選びなさい。

❸図1の④の位置にある金星は，太陽と地球を結んだ線から約45°はなれていた。このときの金星は，最大約何時間観察することができると考えられるか。

❹図1の⑧の位置にある金星は，地球から天体望遠鏡で見ると，どのように見えるか。図2のア～エから選びなさい。ただし，ア～エの像は，全て同じ倍率で見たもので，肉眼で見る場合とは上下左右が逆になっている。

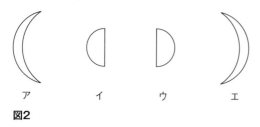

ア　　イ　　ウ　　エ

**図2**

● 解答（例）

❶よいの明星，西　　❷②，③，④，⑤

❸約3時間　　　　　❹ウ

○ 解説

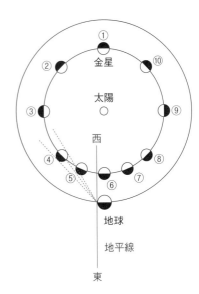

❶夕方，西の空に見える金星のことをよいの明星といい，明け方，東の空に見える金星のことを明けの明星という。

❷金星の公転軌道は地球より内側にあり，常に太陽に向かった方向にあるため，明け方や夕方にしか観察できない。

また，この図は北極の上方から見たものだから，地球の自転の向きは反時計回りであり，昼と夜の境界部分のうち，左側が夕方，右側が明け方である。よって，金星が②，③，④，⑤の位置にあるときはよいの明星が見え，⑦，⑧，⑨，⑩の位置にあるときは明けの明星が見える。

❸地球が45°自転すると，金星は西の空の地平線にしずむので，最大で $24 \times \dfrac{45}{360} = 3$ より，約3時間観察できる。

❹金星は地球に近づくほど大きく見えるが，欠け方も大きくなる。惑星は太陽を向いている方だけが明るく見え，金星が②，③，④，⑤の位置にあるときは，肉眼では左側が欠けて見えるが，天体望遠鏡では上下左右が逆になるので，右側が欠けて見える。金星が⑦，⑧，⑨，⑩の位置にあるときは，天体望遠鏡では，左側が欠けて見える。

天体望遠鏡で見たアは⑤の位置，イは④の位置，ウは⑧の位置，エは⑦の位置に金星があるときの形である。

単元
**4**
地球と宇宙

教科書 p.249

# 確かめと応用 ┊ 単元 **4** ┊ 地球と宇宙

## **7** 太陽系の天体

表1は，太陽系のいくつかの惑星（わくせい）と月の特徴を部分的に記したものである。

表1

| 天体の名前 | 直径<br>（地球＝1） | 質量<br>（地球＝1） | 密度〔g/cm³〕 | 太陽からの距離（きょり）<br>（太陽地球間＝1） | 大気の主な成分 |
|---|---|---|---|---|---|
| ア | 9.45 | 95.16 | 0.69 | 9.55 | 水素，ヘリウム |
| イ | 0.38 | 0.055 | 5.43 | 0.39 | （ほとんどない） |
| ウ | 11.21 | 317.83 | 1.33 | 5.20 | 水素，ヘリウム |
| エ | 0.95 | 0.82 | 5.24 | 0.72 | 二酸化炭素 |
| オ | 0.27 | 0.012 | 3.34 | 1.00 | （ほとんどない） |
| カ | 0.53 | 0.11 | 3.93 | 1.52 | 二酸化炭素 |

❶ア，ウ，カは惑星である。それぞれ何という惑星か。また，そう考えた理由を答えなさい。

❷イ，エ，オの中から月を選び答えなさい。

❸地球型惑星をア～カから全て選び，記号で答えなさい。

❹天体イとオの太陽からの距離を比べて，この2つの天体の表面温度について考えられることを答えなさい。

● 解答（例）

❶ア…土星

（理由）密度が非常に小さく，大気の主な成分が水素とヘリウムだから。

ウ…木星

（理由）直径が地球の約11倍で，大気の主な成分が水素とヘリウムだから。

カ…火星

（理由）地球の外側を公転し，大気の主な成分が二酸化炭素だから。

❷オ

❸イ，エ，カ

❹太陽からの距離が近い天体イの方が，表面温度が高いと考えられる。

◎ 解説

❷太陽からの距離から，地球とほぼ等しい1.00のオが月であることがわかる。また，太陽に近い順に，イが水星，エが金星であることがわかる。

## 確かめと応用 | 単元 **4** | 地球と宇宙

**1 天体の動き**

次の文は，昨日の日没直後の空のようす(図1)を思い出しながら話した，AさんとBさんの会話である。会話を読んで以下の問いに答えなさい。

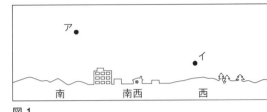

図1

A 昨日は夏至だったね。夕方，木星と金星が見えていたと新聞にのっていたよ。

B イが金星だね。

A どうしてわかるの？

B それはね，1)金星は(　　　　)からだよ。それに対して木星は太陽から離れて見えることがあるよ。

A なるほど，そうなんだね。

B 夕方に見える金星は，よいの明星とよばれているよ。西の夕焼け空に光りかがやく一番星は，だいたい金星と言えるよ。もうあと数週間もするともっと明るく見えるはずだよ。

A 金星って明るさが変わるの？

B そうなんだよ。これから日が経つにつれてどんどん地球に近づいてくるからね。

A へえ，そうなのか。もっと近くなるんだ。

B 2)そのときに見える金星の形，光っている部分は三日月のような形になっているよ。

A 三日月といえば何日か前に月が三日月だったね。月が満ち欠けするのは月が地球のまわりを回っているからだったね。

B そうそう，地球も太陽のまわりを回っているよ。

A だから，朝，昼，夜をくり返すんだね。

B ちがうよ。それは地球の自転によるのであって，今言ったことは地球の公転の話。

A ああ，そうだった。四季があるのも公転のおかげなんだっけ？

B すこしちがうよ。四季があるかどうかは緯度にもよるし，3)夏と冬で昼間の時間がちがうのは地軸が傾いているからだよ。

A そういえば，図2のような実験をしたね。

B 昼と夜の長さをはかるときに昼と夜の境目を見るのが難しかったよ。

単元 **4**

地球と宇宙

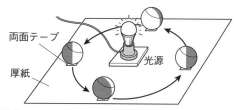

図2

A 実際でも，夜明けと夕暮れの境目を知るのは難しいよ。

B この実験では地軸が傾いている場合の季節ごとの昼と夜の長さのちがいが比べられたね。季節のちがいは，4)太陽の光が当たる角度によって，温度の上がり方のちがいが生じることも関係しているんだよね。

A 夏は昼が長くて太陽の南中高度も高いから暑いんだね。

B 日本の家では１年じゅう快適に過ごせるように5)窓とひさしの関係にもくふうがこらされているらしいよ。

A そうなんだ。ほかにもあるのかな。

B １階の庭に木を植えておくこともくふうの１つだよ。しかも落葉樹がいいらしいんだ。同じ理由で学校に植えられている木や街路樹も落葉樹なんだよ。

A どうして？

B 落葉樹は夏には葉がしげって日かげができるけど，冬には枝だけになるから日差しがさえぎられないでしょう。だから夏には日かげができてすずしくなるし，冬には日光が当たってあたたかくなるんだよ。

A すごい！　そうだったんだ。なるほど！

B そういえば，次の6)満月は月食だね。晴れるといいな。

A 見ようと思っているよ。7)日食も見てみたいな。皆既日食は月食ほど見られる機会が多くないから，とても見たいんだ。

❶下線1)について，イが金星と判断できる理由をAさんにわかりやすく説明する必要があります。下線1)の空欄をうめ，Bさんの会話文を完成させなさい。

❷図3は地球の北から見た模式図である。下線2)のとき，金星は図3の１〜10のどの位置にあるか，数字を選び答えなさい。

図3

❸下線3)について，日本での夏至の日の日の出のおよその位置を図4のア～ウから選べ。

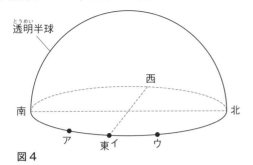

図4

❹下線4)について，このことを液晶温度計を用いて確かめる実験の方法を考え，実験結果を予想しなさい。

❺下線4)から，地軸が傾いていない場合の，日本の季節の変化はどのようになると考えられるか。

❻下線5)について，図5を参考にしてくふうの具体的な内容を解説しなさい。

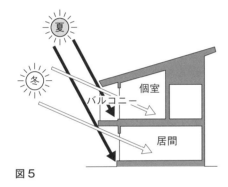

図5

❼下線6)，7)について，日食と月食の観察の機会の多さのちがいを，説明しなさい。

❽百人一首に「いま来むと 言ひしばかりに 長月の 有明の月を 待ちいでつるかな(素性法師)(訳：「今すぐに参ります」とあなたが言ったばかりに，九月の長い秋の夜をひたすら待っていましたが，有明の月(夜が明けかけているときの月)が出てきてしまいました。)」という句がある。詠まれている月の形を理由とともに説明しなさい。

● **解答（例）**

❶地球の内側を公転しているため，夕方西の空か明け方東の空にしか見えない

❷5

❸ウ

❹実験の方法…液晶温度計をはった台を2つつくり，太陽の光のよく当たるところに角度を変えて固定する。時間がたったときの温度を比較<sub></sub>する。

　結果…液晶温度計を太陽に対して，より垂直に近くなるように置いた場合の方が，温度は高くなる。

❺1年じゅう，季節の変化がなくなる。

❻日本での南中高度は夏の方が冬より高い。夏の日差しをさえぎり，冬の日差しは窓を通って家の中に届くように，窓の上にひさしを設ける場合が多い。

❼日食が観測できるのは地球上でも月の影に入った一部の地域だけである一方，月食は月が地球の影に入った時に月が見える地域で観測ができるため，見られる機会が日食より多くなる。

❽短歌に詠まれている「有明の月」は，夜明けごろ出てくる月なので，太陽の近くに見られ，細い形をしている。

○ **解説**

❶金星は夕方の西の空や，明け方の東の空に見られる。

❷夕方に西の空に金星が見られるときの金星の位置は，2〜5である。また，金星と地球との距離が近づいてきて三日月のように見えるのは，2〜5のうち5であると考えられる。

❸夏至の日の日の出の位置は真東よりも北寄りである。

❹教科書219ページの「調べよう」も参考にする。

❺地軸が傾いていないと，1年じゅう昼と夜の長さが12時間ずつになると考えられる。

❽明け方に月が出てきたことから，この月は東の空に見えていることがわかる。このときの月は下弦の月の後の，右側が大きく欠けた月である。

# 単元 5 地球と私たちの未来のために

## この単元で学ぶこと

### 第1章 自然のなかの生物

食物連鎖による生物界のつながりと物質の循環について学ぶ。

### 第2章 自然環境の調査と保全

人間と自然環境のかかわり，自然環境を保全することの重要性を学ぶ。

### 第3章 科学技術と人間

私たちの生活を支えている科学技術にはどのようなものがあるかを学ぶ。

さまざまなエネルギーの移り変わりとエネルギー資源について学ぶ。

### 終章 持続可能な社会をつくるために

循環型社会の構築に向けて，私たちが何をすればよいかを考える。

持続可能な社会を築くために，科学技術をどのように利用していけばよいかを学ぶ。

# 第1章 自然のなかの生物

## これまでに学んだこと

▶**生物どうしのかかわり**(小6)　植物が日光に当たると，デンプンをつくり，それを使って成長する。

　動物は，自分で養分をつくることができないので，植物やほかの動物を食べて，その中にふくまれる養分をとり入れる。

　このように，生物は「食べる」「食べられる」という関係でつながっている。これを**食物連鎖**という。

▶**有機物**(中2)　生物のからだをつくる炭水化物やタンパク質，脂肪など炭素をふくむ物質。

▶**光合成，呼吸**(中2)

・**光合成**…光合成は，植物の細胞の中の葉緑体で行われている。葉緑体では，光のエネルギーを使い，二酸化炭素と水を材料として，デンプンなどの養分と，酸素がつくられる。

・**呼吸**…植物も動物も呼吸を行い，酸素をとり入れて二酸化炭素を出している。呼吸でとり入れられた酸素は，細胞で養分からエネルギーをとり出すのに使われる。

●食物連鎖

●光合成のしくみ

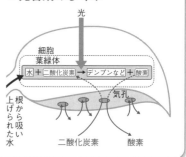

## 第1節 生態系

## 要点のまとめ

▶**生態系**　ある地域に生息する全ての生物と，それらの生物をとり巻く環境(水や空気，土など)とを，ひとつのまとまりとしてとらえたもの。

　生態系は，そこに生息する生物と，ほかの生物や生物以外の環境とのかかわりによって，常に変化している。

▶**食物連鎖**　生物どうしの食べる，食べられるという鎖のようにつながった一連の関係。光合成を行う植物などから始まり，植物を食べる草食動物，草食動物を食べる肉食動物とつながっていく。

▶**食物網**　生態系の生物全体で，食物連鎖が網の目のようになっているつながり。

▶**生物の数量的な関係**　ある生態系に注目して，**生物の数量的な関係を，植物を底辺，肉食動物を頂点として示すと**，ピラミッド形で表すことができる。海洋や湖沼などの生態系でもなり立つ。

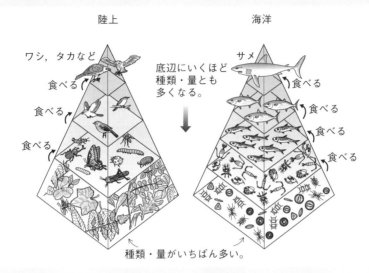

陸上

海洋

ワシ，タカなど

食べる

食べる

食べる

サメ

食べる

食べる

食べる

底辺にいくほど
種類・量とも
多くなる。

種類・量がいちばん多い。

▶**生物の数量のつり合い**　ふつう，ある地域の生物の数量は，季節や年によって一時的な増減はあっても，長期的に見れば，**ほぼ一定に保たれ，つり合っている**。

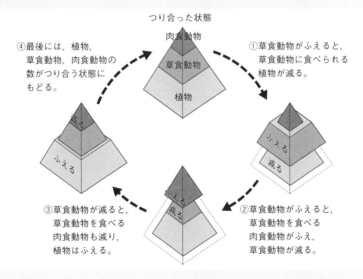

④最後には，植物，
　草食動物，肉食動物の
　数がつり合う状態に
　もどる。

つり合った状態

肉食動物

草食動物

植物

①草食動物がふえると，
　草食動物に食べられる
　植物が減る。

②草食動物がふえると，
　草食動物を食べる
　肉食動物がふえ，
　草食動物が減る。

③草食動物が減ると，
　草食動物を食べる
　肉食動物も減り，
　植物はふえる。

単元
**5**
地球と私たちの未来のために

教科書 p.259

**推測しよう**

教科書259ページの図2で，何らかの原因で植物がふえたとすると，その後どのようなことが起こるだろうか。

● 解答（例）

①植物がふえると…。

②それを食べる草食動物がふえる。

③草食動物がふえると，植物は減る。

④また，草食動物を食べる肉食動物がふえる。

⑤肉食動物がふえると，草食動物が減る。

⑥草食動物が減ると，それを食べる肉食動物が減る。

こうして，もとの状態にもどる。

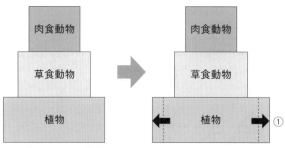
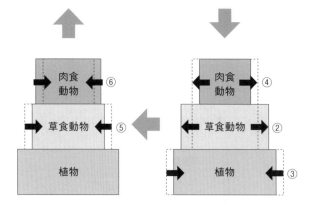

 教科書 p.259

**活用　学びをいかして考えよう**

タカなどの肉食動物は食べられることがないのに無限にふえ続けることがないのはなぜか。

● 解答（例）

肉食動物がふえ続けると，肉食動物の食物である草食動物の数が減り，肉食動物の食物が不足するから。

# 生態系における生物の関係

## 要点のまとめ

▶ **生産者** 無機物から有機物をつくる生物。光合成によって，デンプンなどの養分をつくる植物など。

▶ **消費者** ほかの生物や生物の死がいなどを食べることで養分をとり入れる生物。植物を食べる草食動物や，ほかの動物を食べる肉食動物など。

▶ **分解者** 生態系のなかで，生物の死がいや動物の排出物などの有機物を養分としてとり入れ無機物に分解する生物。ミミズやダニなどの土壌動物や菌類，細菌類などの微生物。

▶ **菌類** カビやキノコなどのなかま。からだは菌糸とよばれる糸状のものでできている。胞子でふえるものが多い。

▶ **細菌類** 乳酸菌や大腸菌などのなかま。非常に小さな単細胞の生物で，分裂でふえる。

▶ **微生物** 菌類，細菌類をふくむ小さな生物をまとめた総称。

教科書 p.263

**実験 1**

微生物のはたらき

○ **結果の見方**

● 試験管A，Bでヨウ素液の反応のちがいを比較する。

試験管Bだけが青紫色に変化する。

○ **考察のポイント**

● 水中の微生物の有無が，有機物の分解に対してどのような影響をあたえるかを考える。

試験管Aでは，微生物のはたらきによって，デンプンがなくなったことがわかる。

○ **解説**

・ステップ2の④で，Bの試験管の溶液は，ヨウ素液で青紫色に変化したので，デンプンがそのまま残っていることがわかる。Aの試験管の溶液は，ヨウ素液で色が変化しなかったので，デンプンが水中の微生物のはたらきによって，ほかの物質に分解されたと考えられる。

教科書 p.264

**推測しよう**

川にも多くの微生物が存在し，川にたまった落ち葉などの有機物を分解している。川のどのような場所に微生物が多いのだろうか。

● 解答（例）

干潟 <ruby>干潟<rt>ひがた</rt></ruby>，川底，岩場など。

 教科書 p.264

**活用　学びをいかして考えよう**

生産者や分解者がいなかったら私たちの世界はどのようになってしまうだろうか。

● 解答（例）

生産者がいないと，生きていくためにエネルギーを得ることができない。また，分解者がいないと，利用されなかった有機物が残り，土壌や川の水がよごれたままになってしまう。

# 第3節　炭素の循環と地球温暖化

## 要点のまとめ

▶**炭素の循環**

・生産者…光合成によって，炭素を二酸化炭素の形で吸収し，デンプンなどの有機物をつくる。

・消費者…植物やほかの動物を食べることで，有機物をとり入れている。

・分解者…動物の死がいや排出物などにふくまれる有機物をとり入れている。

生物は，体内の有機物を，呼吸によって二酸化炭素と水に分解し，エネルギーをとり出している。呼吸によって体外に放出された二酸化炭素は，再び植物に吸収される。このように炭素は，光合成や呼吸，食物連鎖にともなって，有機物や無機物に形を変えて生態系を循環する。

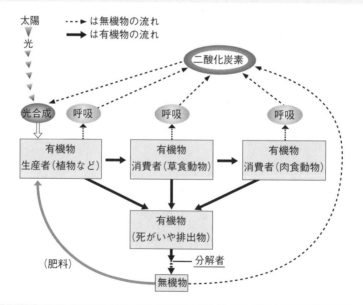

▶**地球温暖化** <ruby>地球温暖化<rt>ちきゅうおんだんか</rt></ruby>　近年，地球の平均気温が少しずつ<ruby>上昇<rt>じょうしょう</rt></ruby>する<ruby>傾向<rt>けいこう</rt></ruby>にあること。

**教科書 p.267**

**活用　学びをいかして考えよう**

最近食べた料理を思い出し，その材料となる生物がどのような流れで炭素を得たかを考えよう。
また，私たちが排出した二酸化炭素はこの後どうなるだろうか。

● **解答（例）**

　パンの原料である小麦は生産者であり，光合成によって炭素を有機物としてたくわえている。私たちが呼吸によって排出した二酸化炭素は，生産者の光合成に使われて再び有機物となり，炭素は生態系を循環する。

**教科書 p.268**　　　**章末　学んだことをチェックしよう**

❶ **生態系**
1. ある地域の生物とそれをとり巻く環境をひとまとまりでとらえたものを（　　）という。
2. 生物には食べる，食べられるという（　　）の関係がある。これらが複雑にからみ合う（　　）を形成している。

● **解答（例）**
1. 生態系
2. 食物連鎖，食物網

❷ **生態系における生物の関係**
　光合成をする植物などは（　　），草食動物や肉食動物は（　　），菌類や細菌類は，生物の死がいや排出物を無機物に変える（　　）という役割をしている。

● **解答（例）**
生産者，消費者，分解者

❸ **炭素の循環と地球温暖化**
　大気中の炭素は，（　　）によって生産者である植物にとりこまれる。また，生産者や消費者が（　　）をすることで，炭素は再び大気中にもどる。炭素は（　　）によって生物間を移動する。このように炭素は生態系を（　　）している。

● **解答（例）**
光合成，呼吸，食物連鎖，循環

**教科書 p.268**

# 章末　学んだことをつなげよう

私たちが生きるために必要なエネルギーは,呼吸により有機物を分解することで得られている。このエネルギーはどこからきているだろうか。生態系の生物の役割を図示して考えてみよう。

● 解答(例)

　私たちが生きるために必要なエネルギーは,もとをたどっていくと生産者である植物が光合成によってとりこんだ太陽の光エネルギーからきていると考えられる。光エネルギーは,デンプンなどの形で化学エネルギーとしてたくわえられる。化学エネルギーは,呼吸によって,生物の熱エネルギーや運動エネルギーに変換される。

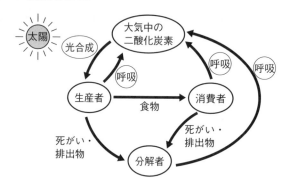

○ 解説

　エネルギーを得るために必要なものは酸素と有機物(デンプンなど)である。この2つはいずれも生産者の光合成によってできた物質である。また,光合成に必要な二酸化炭素は,呼吸などによってできる。このように炭素は循環している。

 **教科書 p.268**

**Before & After**

私たちが食べているものはどのような自然環境で生きているのだろうか。

● 解答(例)

**私たちが生活している自然環境と同じ自然環境で生きている。**

# 定期テスト対策　第1章｜自然のなかの生物

解答 p.207

/100

**1** 次の問いに答えなさい。

①ある地域に生息する全ての生物とそれらの生物をとり巻く環境を，ひとつのまとまりとしてとらえたものを何というか。

②①の生物全体で，食べる・食べられるの関係が網の目のようにつながっていることを何というか。

③①の中で無機物から有機物をつくる生物のことを何というか。

④①の中で，③がつくり出した有機物を直接的，または間接的にとり入れている生物のことを何というか。

⑤①の中で，植物や動物の死がいや動物の排出物といった有機物を無機物に分解する一群の生物を何というか。

⑥カビやキノコなどのなかまで，からだが菌糸でできており，多くは胞子でふえる生物を何というか。

**1** 計30点

| ① | 5点 |
| ② | 5点 |
| ③ | 5点 |
| ④ | 5点 |
| ⑤ | 5点 |
| ⑥ | 5点 |

**2** ある地域に3種類の生物A～Cがおり，生物Aは生物Bを食べ，生物Bは生物Cを食べている。これらの生物は食べる・食べられるの関係によって，数量的につり合っている。

①食べる・食べられるの関係を何というか。

②生物A～Cのうち，個体数が最も多い生物はどれか。

③生物Bの個体数が何らかの原因によって少なくなったとき，生物A，生物Cの個体数は一時的にどのように変化するか。

**2** 計30点

| ① | 10点 |
| ② | 10点 |
| ③ | 10点 |

**3** 次の実験について，後の問いに答えなさい。

＜実験1＞林の中の落ち葉をふくむ土を採取して持ち帰り，その土をビーカーに入れた。これに水を加えてよくかき混ぜてからろ過し，その液を試験管Aに入れた。

＜実験2＞試験管Bには水だけを入れた。

＜実験3＞試験管AとBのそれぞれにうすいデンプン溶液を入れ，ふたをして25℃の暗いところに数日間置いた。これらの試験管に試薬Xを加えると，一方の試験管の液だけが反応し，青紫色に変わった。

①実験3でふたをしたのはなぜか。

②実験3で用いた試薬Xは何か。

③実験3で青紫色に変わったのは試験管A，Bのどちらか。

④この実験の結果からわかる，土の中の微生物のはたらきについて説明しなさい。

**3** 計40点

| ① | 10点 |
| ② | 10点 |
| ③ | 10点 |
| ④ | 10点 |

# 第2章 自然環境の調査と保全

## これまでに学んだこと

▶**生物と環境のかかわり**(小6)

・人やほかの動物，植物のからだには，多くの水がふくまれていて，水によってからだのはたらきを保ち，生きている。

・全ての生き物は，水をとり入れないと，生きていくことができない。

・人は，くらしのなかで，空気や水などの環境とかかわりながら，さまざまな影響をおよぼしている。

・これからも地球でくらし続けていくために，人間はくふうや努力をしていかなくてはならない。

## 第1節 身近な自然環境の調査

### 要点のまとめ

▶**自然環境**　自然界は，生物やそれをとり巻く大気，水，土などの環境がたがいにかかわり合って，つり合いを保っている。人間も自然界の一員である。自然環境を積極的に維持することを**保全**という。

▶**川の水のよごれの調査**　水生生物は，水のよごれの程度によってすみ分けをしている。水生生物を調査することで，川の水のよごれの程度がわかる。

自然環境を保全するために，植物，動物，土壌，水質などの項目を調査してはあくする必要があるよ。

 教科書 p.271 ～ p.273

**調査1**

身近な自然環境の調査

● 結果(例)

【水生生物を指標にした川の水のよごれの調査】

　調査地点：○○県△△市　　□□川の中流

| 観察した場所 | 観察された生物名 | 観察された数 |
|---|---|---|
| 石の表面 | カワゲラ | 10 |
| | ヒル | 2 |
| | ヨコエビ | 10 |
| | ヒラタドロムシ | 2 |
| | ヒラタカゲロウ | 5 |
| 石の下 | ヒゲナガカワトビケラ | 44 |
| | ナガレトビケラ | 15 |
| | ガガンボの幼虫 | 1 |
| 川底の小石や泥や水草の根もと | イトトンボの幼虫 | 20 |
| | スジエビ | 5 |

○ **考察**

きれいな水にすむ生物が多いので，調査地点の水はきれいであると考えられる。

しかし，ややきれいな水にすむ生物や，きたない水にすむ生物も観察されているので，部分的によごれている場所もあると考えられる。

よごれの原因としては，生活排水や工場からの排水などが考えられる。

---

## 第**2**節 人間による活動と自然環境

### 要点のまとめ

▶**自然環境の変化** 自然界では，さまざま生物がつり合いを保ちながら生きているが，生態系は一定ではなく，つねに変化を続けている。

▶**人間の活動と自然環境の変化** 人間は，食料を生産するために，森林を伐採して耕地をつくり，エネルギー資源や物質資源を消費し，廃棄するなどして，自然環境や自然界のつり合いに深刻な影響をおよぼしている。

▶**外来生物** もともとその地域には生息せず，人間の活動によってほかの地域から導入され野生化し，子孫を残すようになった生物。

外来生物に対して，もともとその地域に生息していた生物を在来生物というよ。

 教科書 p.275 ●

**活用　学びをいかして考えよう**

飼育していたペットが飼えなくなったので，外ににがしてしまった場合，生態系にどのような影響をあたえるだろうか。

● 解答（例）

外来生物なら，在来生物を食べるなどして，在来生物の個体数を減少させてしまう可能性がある。

## 第3節　自然環境の開発と保全

### 要点のまとめ

▶ **自然環境の開発と保全**　人間が生物を大量に採集，捕獲したり，開発や廃棄物などによって自然環境を急激に変化させたりすると，これまで生息してきた生物が絶滅していくおそれがある。絶滅した生物の種類は，二度と回復することはない。
　人間が健康で文化的な生活をしていくためには，必要な産業や経済活動を維持しつつ，自然環境を守り，保全していく社会のしくみをつくっていく必要がある。

生態系から人類が受けるめぐみを，生態系サービスともいうよ。

 教科書 p.278　　**章末　学んだことをチェックしよう**

### ❶ 身近な自然環境の調査

自分たちが行った調査をふり返り，自然環境と生物のかかわりをまとめよう。

○ 解説

　自然環境を調査して，その地域に生息する生物と環境の現在の特徴を，正しくとらえることが大事である。調査した結果から，自然界のつり合いがくずれた原因を考えたり，自然界のつり合いを保つ方法を考えたりする。

### ❷ 人間による活動と自然環境

生態系における生物どうしや生物と環境の間のつり合いがくずれるのはどのようなときか。

● 解答（例）

・植林地や里山の管理が不十分なために，植物を食べる動物がふえる。
・外来生物が野生化することで，在来生物の個体数が減る。

❸ 自然環境の開発と保全
生態系サービスにはどのようなものがあるだろうか。

 解答（例）

食料，水，酸素など

解説

生態系から人類が受けるめぐみのことを「生態系サービス」という。

📖 教科書 p.278 ┃ 章末　学んだことをつなげよう

自分の好きな食べ物がどのような環境でつくられているのか，また，その環境は，生態系をどれほど改変させてつくられた環境なのか，考えてみよう。

 解答（例）

米をつくるための水田では，水路のコンクリート化や農薬の使用などによって，かつて水田に生息していた野生生物の数が減少している。

📖 教科書 p.278

Before & After
「自然環境の保全」とは，どのような意味なのか。そして，私たちは何をすべきか考えてみよう。

解答（例）

人間がかかわって自然環境を積極的に維持することを保全という。現在，私たちが食べている物や飲んでいる水，呼吸で使っている酸素などは生態系の中の生物と自然環境のかかわりによって供給されたものであり，これらのめぐみが100年，1000年先まで持続するよう，今ある自然環境を保全していく必要がある。

定期テスト対策 第2章 ┃ 自然環境の調査と保全

解答 p.207

/100

1 次の問いに答えなさい。
①もともとその地域には生息せず，人間によってほかの地域から持ちこまれて野生化し，子孫を残すようになった生物を何というか。
②人間が自然環境にかかわることで，自然環境を積極的に維持することを何というか。

| 1 | 計100点 |
| --- | --- |
| ① | 50点 |
| ② | 50点 |

単元 5
地球と私たちの未来のために

# 第**3**章 科学技術と人間

## これまでに学んだこと

▶**酸化と還元**（中2）

・物質やその成分は，酸素と結びつく（**酸化**）と**酸化物**になる。一方，酸化物から酸素をうばうことを**還元**という。金属の酸化物から酸素をとって金属をとり出すには，その金属より酸素と結びつきやすい（酸化されやすい）物質と反応させて，酸化物を還元させればよい。

・鉱石を還元すると，金属を単体としてとり出すことができる。これによって，人間は金属をさまざまなものに利用することができる。

▶**エネルギーの移り変わり**（中3）

・エネルギーには力学的エネルギー，電気エネルギー，音エネルギー，熱エネルギー，光エネルギーなどがある。エネルギーは相互に変換できるため，私たちは利用したいエネルギーを別のエネルギーから変換して使うことが多い。

・あるエネルギーが別のエネルギーに変換されるとき，熱や音など目的以外のエネルギーにも変換される。このように失われるエネルギーまでふくめれば，エネルギー変換の前後でエネルギーの総量は変わらない。これを**エネルギーの保存**という。

▶**電気エネルギー**（中2）　電気のはたらきで，物を動かしたり，熱を発生させたりできるので，電気はエネルギーをもっている。

▶**放射線**（中2）　放射線には，物質を通りぬける性質や変質させる性質がある。

●酸化と還元

放射線は何のことだったか覚えているかな？　α線やβ線，γ線，Ｘ線のことだったね。

## 第1節 さまざまな物質とその利用

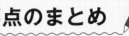

### 要点のまとめ

▶**プラスチック(合成樹脂)** 石油を原料に人工的につくられた有機物。燃やすと二酸化炭素と水ができる。

軽い，さびない，くさりにくい，電気を通しにくい，衝撃に強い，成形や加工がしやすい，酸性やアルカリ性の水溶液や薬品による変化が少ない，などの性質がある。

人工的につくられたプラスチックは，自然界の有機物のように生物などによって分解されず，ごみとして残ってしまうことが問題になっている。プラスチックを資源として再利用するときには，密度のちがいなどを利用して分別される。

●**代表的なプラスチックの用途と性質**

| 種類 | 用途 | 性質 |
|---|---|---|
| ポリエチレン | バケツ，包装材(ふくろなど) | 油や薬品に強い。 |
| ポリエチレンテレフタラート | ペットボトル | 透明で圧力に強い。 |
| ポリ塩化ビニル | 消しゴム，水道管 | 燃えにくい。水にしずむ。 |
| ポリスチレン | 食品容器(発泡ポリスチレン) | 発泡ポリスチレンは，断熱保温性がある。 |
| ポリプロピレン | 食品容器，ペットボトルのふた | 比較的，熱に強い。 |

単元 5 地球と私たちの未来のために

📖 教科書 p.281

**実験2**
素材となる物質の性質

○ **結果の見方**

●**実験A：繊維の種類によって，どのような変化が見られたか。**

・綿…吸水性は高く，加熱するとすぐに燃える。

・毛…吸水性は低く，加熱するとゆっくり燃える。

・アクリル…吸水性は低く，加熱すると繊維がとけ落ちながら燃える。

●**実験B：①で試験管をふったときにはどのような変化が見られたか。また，②の色はどのように変化するか。**

①石けん…泡はあまり立たなかった　　合成洗剤…泡が立った

②石けん…うすい赤色になった　　合成洗剤…色の変化はない

○ **考察のポイント**

●**各素材の利点と欠点を整理して，実際の用途とどのようにつながるか。**

実験A

・綿…吸水性が高いが，しわになりやすい。

・毛…保温性，伸縮性が高いが，吸水性は低い。

・アクリル…保温性が高く，じょうぶでしわになりにくいが，吸水性が低い。

実験B

石けんは硬水では使用できないが，合成洗剤は使用できる。

191

教科書 p.282

**分析解釈　考察しよう**

さまざまな繊維や洗剤の性質を比較して何がわかったか。物質の性質と用途との関係について，話し合おう。

● 解答（例）

・綿は吸水性が高いので，Tシャツや肌着の素材に適している。

・洗剤は使用する状況によって，中性の洗剤や弱アルカリ性の洗剤を使い分けるとよい。

 教科書 p.282

**調べよう**

ペットボトル片を熱して，繊維をつくろう。

①ペットボトル片を縦1cm×横2cmくらいの大きさに切る。

②ペットボトル片の先端をガスバーナーの炎に少しだけ入れる。ペットボトル片の先端がやわらかくなって，たれてきたら加熱をやめ，ピンセットで引っ張る。

○ 解説

多くのプラスチックは加熱するとやわらかくなり，やわらかくなったプラスチックをピンセットで引っ張ると長くのび，冷えて繊維状になる。プラスチックは熱により容易に変形させることができる。

 教科書 p.285

**どこでも科学**

製品によって，どのようなちがいがあるだろうか。

● 結果（例）

| 実験方法 | 結果 | | | |
|---|---|---|---|---|
| | ストロー | プラスチックカップ | ペットボトル | 消しゴム |
| 手ざわりやかたさやうきしずみ | やわらかい。水にういた。 | かたい。水にしずんだ。 | かたい。水にしずんだ。 | やわらかい。弾力がある。水にしずんだ。 |

プラスチックには用途によっていろいろな種類があるが，手ざわりやかたさ，密度（水へのうきしずみ）によって見分けることができる。加熱したときの燃え方のちがい（教科書284ページの図1参照）も見分ける手がかりになるが，その際，有毒な気体が発生するので注意する。

 教科書 p.285

**活用　学びをいかして考えよう**

レジぶくろ有料化について，消費者や店，レジぶくろ工場など，さまざまな立場から考えよう。

● 解答（例）

・消費者…環境への意識が高まる。エコバッグを準備しなければいけない。

・店…一人ひとりのお客さんに，レジぶくろが必要かどうか聞かなければいけない。

・レジぶくろ工場…使用量が減ると仕事が減ってしまう。

## 第2節 エネルギー資源の利用

# 要点のまとめ

▶エネルギー資源の利用

・発電の方法

①水力発電

高い位置にある水（**位置エネルギー**をもっている）を流す

→流れる水で水車を回転させる（**運動エネルギー**に変換）

→発電機を回転させることで発電する（**電気エネルギー**に変換）

②火力発電

化石燃料（**化学エネルギー**をもっている）を燃焼させる（**熱エネルギー**に変換）

→この熱で水を加熱し，高温・高圧の水蒸気にする

→水蒸気や燃焼ガスでタービンを回転させる（**運動エネルギー**に変換）

→発電機を回転させることで発電する（**電気エネルギー**に変換）

③原子力発電

ウラン（**核エネルギー**をもっている）を核分裂反応させる（**熱エネルギー**に変換）

→発生した熱で水を加熱し，高温・高圧の水蒸気にする

→水蒸気でタービンを回転させる（**運動エネルギー**に変換）

→発電機を回転させることで発電する（**電気エネルギー**に変換）

| 発電方法 | 長所 | 短所 |
|---|---|---|
| 水力発電 | 温室効果ガスである二酸化炭素を出さない。エネルギーの変換効率が80％と高い。 | 大規模なダムをつくる場所が少ない。ダムをつくると自然環境が変わってしまう。 |
| 火力発電 | 石油, 石炭, 天然ガスともに発熱量が大きい。エネルギー変換効率が高く, 50％をこえるものもある。 | 二酸化炭素を大量に発生させる。化石燃料の埋蔵量に限りがある。 |
| 原子力発電 | 少量の燃料でばく大なエネルギーを得ることができる。二酸化炭素などの気体が発生しない。 | 放射線が人体や生物, 作物に悪影響をおよぼす。使用済み核燃料, 廃炉の安全な処理が難しい。 |

・再生可能なエネルギー資源

①太陽光発電

家庭に設置すれば電気エネルギー需要の大部分をまかなえる。

天候の影響を受けるため，安定して全てのエネルギー需要をまかなうことは難しい。

②風力発電

立地条件がよければ，安定して電気を供給できる。

騒音や環境への影響については，まだよくわかっていない。

③地熱発電

地下のマグマの熱でつくられた高温・高圧の水蒸気を利用。半永久的に利用できる。

設置場所が限られる。

④バイオマス発電

作物の残りかすや家畜のふん尿，間伐材などから発生させたアルコールやメタンが燃料。

※燃料電池

水素と酸素の化学反応から電気をとり出す。

エネルギー資源ではないが，騒音や温室効果ガスの発生がない発電のしくみ。

▶**放射線の性質と利用**　X線，γ線などの電磁波や，原子核から出るα線，β線，中性子線などを放射線という。

放射線には物質を通りぬける性質(透過性)，物質を変質させる性質があり，医療や農業など広い分野で利用されている。

しかし，細胞を死滅させたり細胞内のDNAを損傷させたりするので，厳重な管理が必要である。受けた放射線の人体に対する影響を表す単位はシーベルト(Sv)である。

放射線から身を守るには

①放射性物質からはなれる

②放射線を受ける時間を短くする

③放射線をさえぎる

が3原則である。

 教科書 p.291

**活用　学びをいかして考えよう**

再生可能なエネルギー資源について，それぞれの長所，短所とその改善方法，現在どのくらい普及しているか，などについて調べよう。自分たちの住む地域で再生可能なエネルギー資源を活用するとしたら，どのようなエネルギー資源を選択し，どのように使っていけばよいか話し合い，未来へ向けて提言しよう。

● 解答(例)

| 発電方法 | 利点 | 課題 |
|---|---|---|
| 太陽光発電 | 発電時に温室効果ガスを排出しない | 天候の影響を受ける<br>よごれや火山灰などで出力が落ちる |
| 風力発電 | 発電時に温室効果ガスを排出しない | 発電に適した場所が少ない<br>強風や落雷による故障のおそれ<br>騒音による被害のおそれ |
| 地熱発電 | 枯渇の心配がない | 立地が限られる |
| バイオマス発電 | 廃棄物の再利用ができる | 金額が高い<br>燃料転用による食用作物の減少 |

# 第3節 科学技術の発展

## 要点のまとめ ✎

▶ 循環型社会（じゅんかんがた）　社会に必要なさまざまな天然資源の循環を可能にし，再利用の割合をより高めた社会。

---

 教科書 p.295

**活用　学びをいかして考えよう**

持続可能な社会の一部分として，資源の消費量を減らして再利用を進め，資源の循環（じゅんかん）を可能にした社会（循環型社会）がある。この社会の実現のために，今の私たちにできることは何か考えよう。

● **解答（例）**

ごみが多く出るものを買わない，ごみを分別して再利用に出す，など

---

 教科書 p.296　　**章末　学んだことをチェックしよう**

❶ さまざまな物質とその利用

　プラスチックの性質を2つあげなさい。

● **解答（例）**

成形や加工がしやすい，軽い，さびない，くさりにくい，電気を通しにくい，衝撃（しょうげき）に強い，など。

❷ エネルギー資源の利用

　再生可能なエネルギー資源を3つあげなさい。

● **解答（例）**

水力発電，太陽光発電，風力発電，地熱発電，バイオマス発電，など。

❸ 科学技術の発展

　科学技術を開発するときには，次の世代に負の遺産を残さないように，どのような社会をつくることが重要か。

● **解答（例）**

利便性や快適性だけを求めた技術開発ではなく，資源などを循環していくことができるような技術開発を優先して，持続可能な社会をつくる必要がある。

単元
5
地球と私たちの未来のために

195

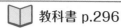 **教科書 p.296** | **章末　学んだことをつなげよう**

貴重なエネルギー，科学技術を次の世代に引きついでいくために，私たちが意識するべきことは何だろうか。

● 解答（例）

いろいろな観点から吟味し，負の遺産になる可能性がないかをつねに考える。

 教科書 p.296

**Before & After**

科学技術の進歩により私たちが得たもの，失ったものは何だろうか。

● 解答（例）

便利で快適な生活を得たが，安全で豊かな自然環境を失った。

# 定期テスト対策　第3章 | 科学技術と人間

解答 p.207　/100

1 次の問いに答えなさい。

①人工的につくられた有機物で，合成樹脂ともよばれるものを何というか。

②①にはどのようなものがあるか，3つ答えなさい。

③原子核が分裂するときに出る，高速の粒子の流れや電磁波などをまとめて何というか。

④受けた③の量の人体に対する影響を表す単位を何というか。

⑤再生可能なエネルギー源による発電にはどのようなものがあるか，3つ答えなさい。

⑥社会に必要なさまざまな天然資源の循環を可能にし，再利用の割合をより高めた社会を何というか。

1　計100点

| ① | 10点 |
| ② | 10点 |
| | 10点 |
| | 10点 |
| ③ | 10点 |
| ④ | 10点 |
| ⑤ | 10点 |
| | 10点 |
| | 10点 |
| ⑥ | 10点 |

| 終章 | # 持続可能な社会をつくるために |

## これまでに学んだこと

▶**地球と私たちのくらし**（小6）

・人は，くらしのなかで地球の環境とかかわり，影響をおよぼしている。

・これからも地球でくらし続けていくために，どのようなくふうや努力ができるか，考えなければならない。

| 第**1**節 | ## 地球環境と私たちの社会 |

### 要点のまとめ

▶**地球環境の今**　ここ100年ほどの間に，人類の生活は科学技術の進歩によって豊かになったが，地球の自然環境を急激に変化させた。野生生物の乱獲などの影響で生態系が変化し，生物の多様性がおびやかされていることも問題である。

▶**持続可能な社会の構築をめざして**　環境の保全と開発のバランスがとれ，将来の世代に対して，継続的に環境を利用する余地を残すことが可能な社会を**持続可能な社会**という。これを実現させるために，資源の有効利用や新素材の開発，再生可能エネルギーの利用など，科学技術が大きく貢献するほか，市民ひとりひとりの知識や意識が重要である。

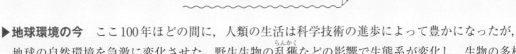

| 定 期 テ ス ト 対 策 | 終章 | 持続可能な社会をつくるために |

**解答** p.207

/100

**1** 次の問いに答えなさい。

①環境の保全と開発のバランスがとれ，将来の世代に対して，継続的に環境を利用する余地を残すことが可能になった社会を何というか。

②外来生物のなかでも，生態系，人の生命・身体，農林水産業に被害をおよぼす，あるいはおよぼすおそれのあるものを何というか。

③微生物の力で分解できるプラスチックを何というか。

④環境保全に役立つと認められた商品につけられるマークを何というか。

| 1 | 計100点 |
|---|---|
| ① | 25点 |
| ② | 25点 |
| ③ | 25点 |
| ④ | 25点 |

📖 教科書 p.313

# 確かめと応用 | 単元 **5** | 地球と私たちの未来のために

**❶ 食物連鎖**

下図はある地域における食物連鎖（しょくもつれんさ）を示している。

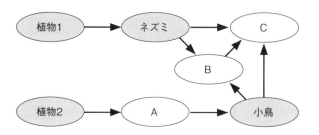

❶図のAに当てはまる生物として適切なものはどれか。次のア〜エから選びなさい。

　**ア** バッタ　　**イ** カエル
　**ウ** ヘビ　　　**エ** フクロウ

❷図のA〜Cの生物のなかで、この地域における個体数が最も少ない生物はどれか。

❸ある年に植物1が大豊作になると、その後、一時的にBの個体数はどうなるか。個体数の変化のようすとその理由を説明しなさい。

● **解答（例）**

❶ア

❷C

❸ふえる。

　（理由）植物1が大豊作になると、それを食べるネズミがふえるので、それを食べるBもふえる。

○ **解説**

❶植物を食べ、小鳥に食べられる動物を選ぶ。

❷食べられる生物より、食べる生物の方が個体数は少ない。

❸植物がふえると、それを食べる草食動物がふえる。草食動物がふえると、その草食動物を食べる肉食動物がふえる。肉食動物がふえすぎると、えさとなる草食動物の数が減り始め、やがてえさが少なくなった肉食動物の数も減り始める。長い時間をかけて、くずれたつり合いはもとにもどる。

# 確かめと応用 | 単元 5 | 地球と私たちの未来のために

## ② 菌類・細菌類のはたらき

菌類や細菌類のはたらきを調べるために，次のような実験を行った。

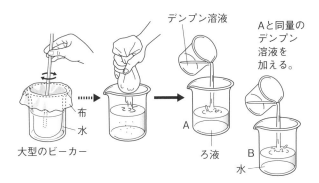

デンプン溶液

Aと同量の
デンプン
溶液を
加える。

布
水
大型のビーカー
A
ろ液
B
水

①ビーカーの中に布を広げて林の落ち葉や土を入れ，そこに水を加えてよくかき回し，布でこす。

②①のろ液をAのビーカーに入れ，同量の水をBのビーカーに入れる。

③A，Bのビーカーに同量のデンプン溶液を入れ，アルミニウムはくでふたをする。

④室温で2日間放置する。その後，A，Bの液をそれぞれ試験管にとり，ヨウ素液を加える。

⑤結果は，Bだけが青紫色に変化した。

❶③でビーカーにふたをするのは何のためか。

❷⑤の実験結果からどのようなことがいえるか。次のア～エから選びなさい。

　ア　Aの液にはデンプンがふくまれている。

　イ　Aの液にはタンパク質がふくまれていない。

　ウ　Aの液にはデンプンがふくまれていない。

　エ　Bの液にはデンプンがふくまれていない。

単元
5

地球と私たちの未来のために

● 解答（例）

❶空気中の菌類，細菌類などがビーカーに入り，実験に影響が出ることを防ぐため。

❷ウ

○ 解説

❶空気中には数多くの菌類や細菌類が存在しているので，その影響をとりのぞく必要がある。

❷Aでは，菌類や細菌類のはたらきで，デンプンが分解される。

📖 教科書 p.313

# 確かめと応用 ┊ 単元 **5** ┊ 地球と私たちの未来のために

## ❸ 炭素の循環

下図は, 自然界における炭素の循環を表したものである。

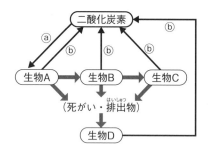

❶生物 A ～ D のうち, ①生産者, ②分解者に当たるものを記号で答えよ。

❷図の ⓐ, ⓑ は生物のはたらきである。それぞれ名称を答えよ。

❸無機物から有機物をつくり出すはたらきは ⓐ, ⓑ のどちらか。

● 解答（例）

❶①生物 A

　②生物 D

❷ⓐ光合成

　ⓑ呼吸

❸ⓐ

○ 解説

❶生物 A が生産者, 生物 B と生物 C が消費者, 生物 D が分解者である。

❷ⓐは生産者が二酸化炭素をとり入れているので光合成, ⓑは全ての生物が二酸化炭素を放出しているので呼吸である。

❸生産者は光合成によって, 二酸化炭素を吸収し, デンプンなどの有機物をつくっている。

# 確かめと応用 単元 5 地球と私たちの未来のために

## 4 さまざまな物質とその利用

❶快適で豊かな生活のために，私たちが使用する素材は変化してきた。例えば，おむつの素材が布から吸水性のあるプラスチックや紙などの物質に変化したように，使用する素材が変化した例をあげなさい。

❷プラスチックが身のまわりでよく使われている理由を，その特徴に注目して説明しなさい。

● 解答（例）

❶飲料などの容器の素材として，ガラスのかわりにポリエチレンテレフタラート（PET）の利用が進んでいる。

❷成形や加工がしやすい，軽い，さびない，電気を通しにくい，衝撃に強い，酸性やアルカリ性の水溶液による変化が少ない，などの特徴により，便利で使いやすいため。

## 確かめと応用 | 単元5 | 地球と私たちの未来のために

### 5 エネルギー資源の利用

人類のエネルギー総使用量は年々増加の傾向にあり，現在の社会は特に電気エネルギーに依存している。

❶発電方法の例を1つあげ，その長所を説明しなさい。

❷エネルギー資源の消費は，石油などの化石燃料の割合が高い。化石燃料を燃やし続けて電気エネルギーを得ることは，どのような問題点をふくんでいるか。

❸再生可能なエネルギーとはどのようなものか。また，再生可能なエネルギー資源をあげなさい。

❹天然資源の消費量を減らし，再利用の割合を高め，循環を可能にした社会を何というか。

● 解答（例）

❶水力発電…二酸化炭素などの気体の発生が少ない。
エネルギー変換効率が高い。

火力発電…燃料（石油，石炭，天然ガス）の発熱量が大きい。

原子力発電…少量の燃料でばく大なエネルギーを得ることができる。
発電時に温室効果ガスを出さない。

❷大気中の二酸化炭素の増加や，化石燃料の枯渇など。

❸化石燃料のように燃やすとなくなってしまうような物ではなく，将来にわたってくり返し利用できるエネルギー。

太陽光，風力，地熱，生物がつくり出す有機物など。

❹循環型社会

○ 解説

❶ほかにも，以下のような発電方法の長所がある。

太陽光発電…太陽光を活用できるので，半永久的に利用できる。さまざまな規模で利用できる。

風力発電…一定の風がふいていれば，昼夜を問わず安定して発電できる。風力を利用するので，燃料が必要ない。

地熱発電…天候に左右されず，長期間安定して利用できる。

バイオマス発電…農作物などの残りかすなどを利用できる。

活用編

# 確かめと応用 | 単元 5 | 地球と私たちの未来のために

**1 エネルギー資源の利用**

従来のガソリンエンジン車よりも，環境への負荷が小さいとされる低公害車の研究や開発が進められている。そのような低公害車のなかでも，ガソリンエンジンとモーターの2つを組み合わせて駆動するハイブリッド自動車が普及しつつある。ハイブリッド自動車は，走行中に下り坂などでモーターを回して発電した電気を蓄電池にためることができるとともに，蓄電池にためた電気を使ってモーターを回すことで走行することができる。これにより，ガソリンエンジン車と比べ，同じ距離を走行するために必要なガソリンの量を大幅に少なくすることができる。

また，ガソリンエンジンを積まず電気だけで走行する電気自動車も，低公害車のひとつである。

❶ハイブリッド自動車で，同じ距離を走行するために必要なガソリンの量をさらに少なくするために，考えられる改善方法を3つ考えて説明しなさい。ただし，運転のしかたについては，考えないものとする。

❷Aさんは，ガソリンエンジンをもたないで電気だけで走行する電気自動車の方が，二酸化炭素を出さず，熱エネルギーも発生しないため，環境への影響と省エネルギーの両面ですぐれていると考えている。しかし，Bさんは，この考えには弱点もあると考えた。ハイブリッド自動車よりも，電気自動車の方が，環境への影響と省エネルギーの両面ですぐれているというためには，どのような課題を検討する必要があるのか，説明しなさい。

単元 5

地球と私たちの未来のために

● **解答(例)**

❶ ・モーターで発電する際のエネルギー変換(運動エネルギーから電気エネルギーへの変換)効率を改善する。

　・蓄電池に充電する際のエネルギー変換(電気エネルギーから化学エネルギーへの変換)効率を改善する。

　・モーターを回転させる際のエネルギー変換(電気エネルギーから運動エネルギーへの変換)効率を改善する。

❷ハイブリッド自動車よりも，電気自動車の方が，環境への影響と省エネルギーの両面ですぐれているといえるためには，次のような課題を検討する必要がある。

　・電気自動車が使用する電気を発電するために，二酸化炭素はどれくらい排出されていて，それはハイブリッド自動車が排出する二酸化炭素より少ないか。

　・電気自動車を製造するために，エネルギーがどれくらい必要で，それはハイブリッド自動車を製造するために必要なエネルギーの量より少ないか。

　・電気自動車を製造するために必要となる資源は，どれくらい環境への影響をあたえ，それはハイブリッド自動車を製造するために必要となる資源より環境への影響が小さいか。

📖 教科書 p.314　　活用編

## 確かめと応用 ┊ 単元 **5** ┊ 地球と私たちの未来のために

**2** プラスチックの利用

❶プラスチックの利用が問題になることもある。プラスチックのどのような性質により，どのような問題が生じているのか，説明しなさい。

● 解答（例）

❶・くさりにくいという性質により，分解されにくく，海洋に流出したプラスチックごみが野生動物にからまったり，誤食されたりして，野生動物にダメージをあたえている。

・燃やすと二酸化炭素を発生する性質により，地球温暖化の原因になると考えられている。

# 定期テスト対策 解答

単元1 化学変化とイオン

**p.16** **第1章 水溶液とイオン**

1 ①電解質 ②イオン ③電離

2 ①(例)物質を水にとかして，電流が流れないことを確かめる。
②電解質…イ，エ，オ
非電解質…ア，ウ
③(例)水溶液に電流が流れるかどうか調べる。
④塩化物イオン…$Cl^-$
マグネシウムイオン…$Mg^{2+}$
硫酸イオン…$SO_4{}^{2-}$
アンモニウムイオン…$NH_4{}^+$

3 ①$CuCl_2 \longrightarrow Cu^{2+} + 2Cl^-$
②極…陽極 気体…塩素
③(例)薬品さじでこすって金属光沢がみられるか調べる。

**p.27** **第2章 酸, アルカリとイオン**

1 ①黄色 ②青色 ③酸 ④アルカリ
⑤pH ⑥アルカリ性，酸性，中性
⑦中和 ⑧$H^+ + OH^- \longrightarrow H_2O$

2 ①黄色，緑色，青色
②$Na^+$ ③$Cl^-$ ④塩化ナトリウム($NaCl$)

3 ①硫酸バリウム
②流れない
理由…（水素イオンと水酸化物イオンは全て結びついて水に変化し，硫酸イオンとバリウムイオンも全て結びついて水にとけにくい硫酸バリウムに変化したことで，）溶液中のイオンがなくなったから。

**p.37** **第3章 化学変化と電池**

1 ①電池 ②－極から＋極 ③鳴らない
④鳴らない

2 ①＋極…銅
－極…亜鉛
②亜鉛原子が電子を2個失って亜鉛イオンとなり，うすい塩酸の中にとけ出す。
③水溶液中の水素イオンが電子を1個受けと

って水素原子となり，水素原子が2個結びついて水素分子となり，空気中に出ていく。
④亜鉛板…減少する。
銅板…変わらない。

3 ①一次電池
②電池…二次電池(蓄電池) 操作…充電
③燃料電池
④電気エネルギーをとり出すときに，水しかできないから。
⑤$2H_2 + O_2 \longrightarrow 2H_2O$
⑥ダニエル電池

単元2 生命の連続性

**p.60** **第1章 生物の成長と生殖**

1 ①細胞分裂 ②染色体
③形質，遺伝子 ④体細胞分裂
⑤細胞分裂が行われて細胞の数がふえ，ふえた細胞が大きくなることで，多細胞生物は成長する。
⑥生殖 ⑦無性生殖 ⑧有性生殖
⑨生殖細胞 ⑩受精卵 ⑪花粉管 ⑫胚
⑬発生 ⑭減数分裂
⑮子は親の染色体(遺伝子)をそのまま受けつぐので，子の形質は親の形質と同じものになる。

2 ①ひとつひとつの細胞がはなれやすくなって観察しやすくなるから。
②根を指でおしつぶす。
理由…根の細胞の重なりをなくして，観察しやすくするため。

**p.67** **第2章 遺伝の規則性と遺伝子**

1 ①遺伝 ②DNA(デオキシリボ核酸)
③メンデル ④純系
⑤分離の法則
⑥顕性形質(優性形質)，潜性形質(劣性形質)

2 ①花粉が同じ個体のめしべ(の柱頭)について受粉すること。
②対立形質 ③a a，A A，A a

④丸形　⑤およそ200個

◯ 解説

**2** ⑤丸形：しわ形＝3：1より，しわ形の割合

は $\frac{1}{3+1} = \frac{1}{4}$ である。しわ形の種子の個

数は，$800 \times \frac{1}{4} = 200$ より，200個となる。

p.74　第3章｜**生物の多様性と進化**

**1** ①進化　②相同器官

**2** ①ア　②キ　③カ　④ク　⑤ケ

**3** ①ホニュウ類

②コウモリ…エ　クジラ…ウ　ヒト…ア

③コウモリ…イ　クジラ…オ

◯ 解説

**2** 魚類は水中で生活するのに適したからだの特
徴をもつ。両生類は水中と陸上の両方で生活
する。ハチュウ類は両生類と共通する特徴も
あるが，より陸上に適した特徴をもつので，
両生類から進化したと考えられる。

**3** コウモリは空中，クジラは水中，ヒトは陸上
といった生活する環境に適したはたらきをも
つように，それぞれの器官が進化したと考え
られる。

単元**3**　**運動とエネルギー**

p.96　第1章｜**物体の運動**

**1** ①速さ，向き（順不同）　②平均の速さ

③瞬間の速さ　④等速直線運動

⑤比例（の関係）

⑥一定の割合で増加する。（だんだん速くな
る。）

⑦一定の割合で減少する。（だんだんおそく
なる。）

**2** ①エ　②ウ　③ア　④自由落下

p.109　第2章｜**力のはたらき方**

**1** ①合力，力の合成　②分力，力の分解

③慣性の法則　④慣性

⑤作用・反作用の法則

**2** ①向き…南向き　大きさ…4N

②北西の向き

**3** ①Aさん…西　Bさん…東

②向き…西　大きさ…10N

**4** ①A…イ　B…オ　②浮力

③30N

p.124　第3章｜**エネルギーと仕事**

**1** ①エネルギー　②運動エネルギー

③速さ，質量　④位置エネルギー

⑤高さ，質量　⑥力学的エネルギー

⑦力学的エネルギーの保存　⑧仕事

⑨物体に加えた力，力の向きに移動させた距
離，ジュール（J）

⑩仕事率，ワット（W）　⑪仕事の原理

⑫伝導　⑬対流　⑭放射

⑮エネルギーの保存

**2** ①90J

②力の大きさ…60N　長さ…1.5m

③力の大きさ…30N　長さ…3.0m

◯ 解説

**2** ①60N × 1.5m = 90J

③動滑車を使うと力の大きさは半分になるが，
ひもを引く距離は2倍になる。

単元**4**　**地球と宇宙**

p.153　第1章｜**地球の運動と天体の動き**

**1** ①天球　②地軸　③自転　④南中，南中高度

⑤日周運動　⑥公転　⑦年周運動

⑧黄道　⑨夏至，冬至

**2** ①底面の円の中心

②反時計回りに回転して見える。

③地軸を延長した先にあるから。

④地球が（公転面に垂直な方向に対して）地軸
を傾けたまま太陽のまわりを公転している
から。

**3** ①午後4時ごろ

②（翌日の）午前4時ごろ

③午後8時ごろ

④3か月後

⑤5か月後

p.159　第2章｜**月と金星の見え方**

**1** ①日食　②月食　③衛星

④内惑星　⑤外惑星
2 ①月は地球のまわりを公転しているため，太
陽の光を反射して光っている部分の見え方
が変わるから。
②（西から）東
③天球上の太陽の通り道と月の通り道が一致
していないから。（地球と月の公転面がず
れているから。）
④水星や金星は内惑星で，地球より太陽に近
い方向にあるから。
3 ①金星と地球の間の距離が，それぞれの公転
により変化するため。
②近いとき…ア
遠いとき…エ

p.164 | 第3章 | **宇宙の広がり**
1 ①恒星　②銀河　③銀河系
④惑星　⑤衛星
⑥太陽系外縁天体
2 ①ウ
②ア，イ，エ，カ
③ウ，オ，キ，ク
④ウ，オ，キ，ク

**単元5　地球と私たちの未来のために**

p.185 | 第1章 | **自然のなかの生物**
1 ①生態系　②食物網　③生産者
④消費者　⑤分解者　⑥菌類
2 ①食物連鎖　②生物C
③生物Aの個体数は減り，生物Cの個体数は
ふえる。
3 ①空気中に浮遊している菌類や細菌類が入り
こまないようにするため。
②ヨウ素液　③試験管B
④土の中の微生物は，デンプンを分解する。

p.189 | 第2章 | **自然環境の調査と保全**
1 ①外来生物　②保全

p.196 | 第3章 | **科学技術と人間**
1 ①プラスチック
②ポリエチレン，ポリエチレンテレフタラー

ト，ポリ塩化ビニル，ポリスチレン，ポリ
プロピレンなど
③放射線　④シーベルト（Sv）
⑤水力発電，太陽光発電，風力発電，地熱発
電，バイオマス発電など
⑥循環型社会

p.197 | 終章 | **持続可能な社会をつくるために**
1 ①持続可能な社会　②特定外来生物
③生分解性プラスチック
④エコマーク